DRAGUAGES

AU LARGE DE MARSEILLE

PAR

A.-F. MARION

PROFESSEUR DE ZOOLOGIE A LA FACULTÉ DES SCIENCES

I

———————

PARIS

G. MASSON, ÉDITEUR

LIBRAIRE DE L'ACADÉMIE DE MÉDECINE

Boulevard Saint-Germain, en face de l'École de médecine

1879

DRAGUAGES

AU LARGE DE MARSEILLE

PAR

A.-F. MARION

PROFESSEUR DE ZOOLOGIE A LA FACULTÉ DES SCIENCES

I

PARIS

G. MASSON, ÉDITEUR

LIBRAIRE DE L'ACADÉMIE DE MÉDECINE

Boulevard Saint-Germain, en face de l'École de médecine

1879

DRAGUAGES

AU LARGE DE MARSEILLE

PARIS. — IMPRIMERIE E. MARTINET, RUE MIGNON, 2

DRAGUAGES

AU LARGE DE MARSEILLE

PAR

A.-F. MARION

PROFESSEUR DE ZOOLOGIE A LA FACULTÉ DES SCIENCES

I

PARIS

G. MASSON, ÉDITEUR

LIBRAIRE DE L'ACADÉMIE DE MÉDECINE

Boulevard Saint-Germain, en face de l'École de médecine

1879

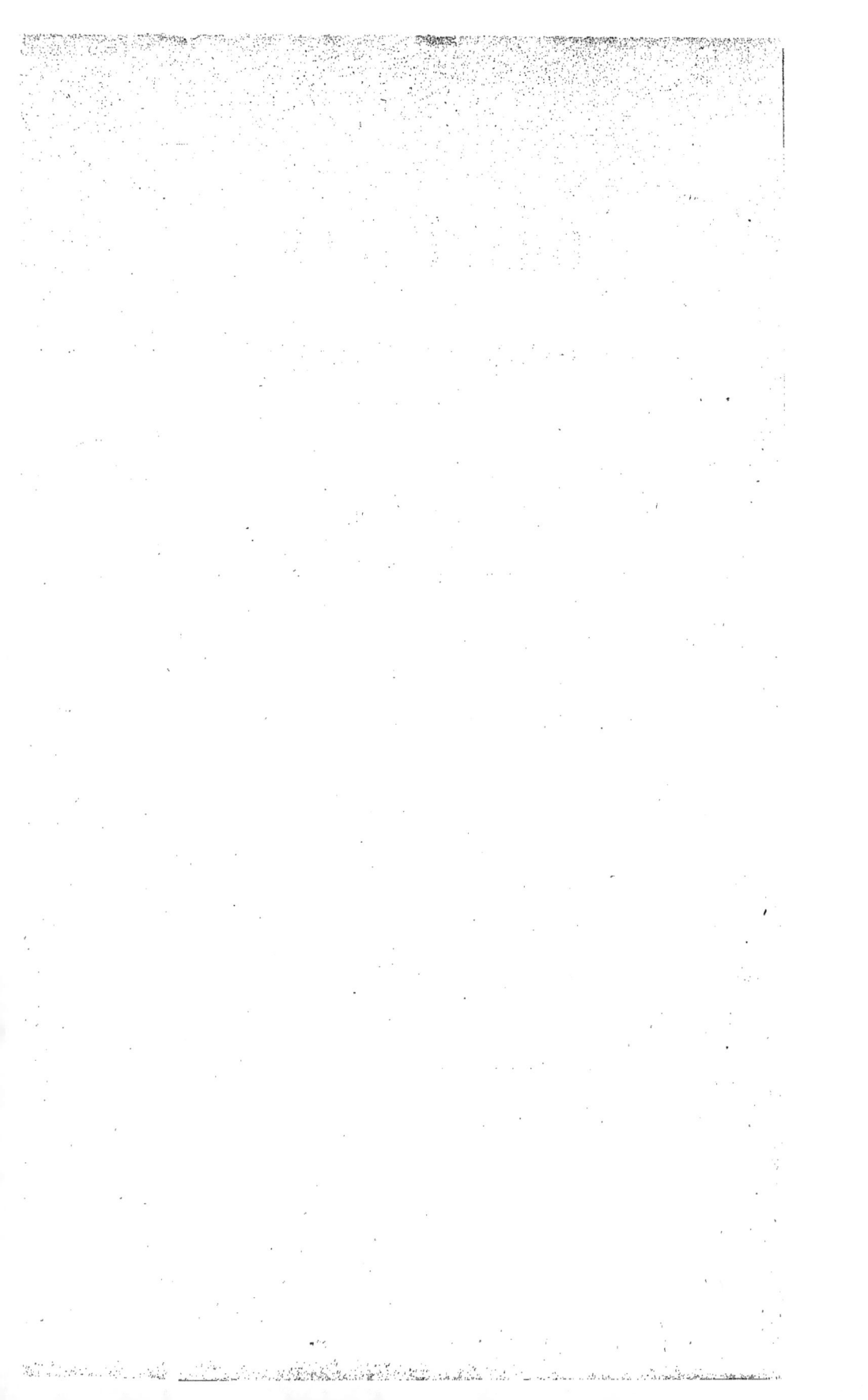

DRAGUAGES

AU LARGE DE MARSEILLE

Par A. F. MARION

Professeur de zoologie à la Faculté des sciences.

PREMIÈRE ANNÉE

(Juillet — Septembre 1875).

Les travaux de recherches dont je vais rendre compte sont
assurément bien modestes à côté des explorations sous-ma-
rines entreprises à grands frais autour de nous. On les accueil-
lera cependant avec bienveillance, comme un effort de l'ini-
tiative privée.

J'indiquais naguère à M. P. Talabot l'intérêt d'une étude
méthodique des rivages de la Provence. Il me semblait impor-
tant de poursuivre au large, loin de Marseille, les draguages
que j'avais opérés déjà dans le golfe, d'atteindre les faunes
profondes et de déterminer leurs caractères. Je ne devais pas
espérer sans doute de surprenantes découvertes, mais je pouvais compter sur d'utiles observations à propos de toutes les
questions encore si obscures du mode de distribution des animaux marins.

L'éminent ingénieur m'offrit spontanément son concours, et
il daigna intéresser à cette œuvre quelques personnes amies de
la science. Les draguages que je voulais tenter exigeaient des
dépenses d'installation auxquelles je ne pouvais suffire. Les

1

sommes nécessaires à deux premières campagnes ont été mises
libéralement à ma disposition. Qu'il me soit permis d'exprimer
toute ma reconnaissance à MM. P. Talabot, L. Benet, E. Mazel,
G. Renouard, Meilhac, L. Gallas et A. Martin. Je ne saurais
trop remercier mon excellent ami, M. Mazel, qui a voulu s'as-
socier doublement à nos travaux, en partageant les fatigues
auxquelles nous ne pouvions nous soustraire alors qu'il s'agis-
sait de retirer à bras, de 100, 200 et 350 mètres, une drague
lourdement chargée.

L'instrument que nous avons employé, et dont nous avions
pu déjà apprécier les qualités dans nos recherches à de moindres
profondeurs, est presque semblable à celui des naturalistes du
Porcupine. Ses deux bras, cependant, sont articulés de manière que le châssis prenne une position favorable, même si
la corde est à pic. Nous avons dû enfin arrondir les bords
qui raclent sur le fond pour éviter que le sac ne s'emplît du
premier coup. Les fauberts étaient remplacés par les débris
de filets à Sardines (*radasso*) dont tous les pêcheurs de nos
côtes se servent pour la récolte des Échinodermes. Grâce à
l'expérience de notre patron, Armand Joseph, nos engins n'ont
éprouvé aucun accident. Tout était disposé pour que l'effort
du remorqueur *le Progrès*, sur lequel nous étions embarqués,
ne pût agir fâcheusement sur la corde. La drague était jetée
à la mer par un petit bateau remorqué par le vapeur et rattaché
à lui par une sparterie, dont la rupture, à la moindre résis-
tance, évitait toute forte traction au grelin. Je dois ajouter que
nos courses n'ont jamais duré plus de vingt-quatre heures, car
je voulais avant tout rapporter vivants au laboratoire les Invertébrés dont l'étude est souvent si difficile d'après des individus
plongés dans l'alcool.

Le champ de nos explorations me semblait naturellement
indiqué. Il ne pouvait être question de se diriger vers les embouchures du Rhône, où s'étendent uniformément des vases
gluantes identiques à celles de la région nord-ouest du golfe de
Marseille. Au sud-est, au contraire, le fond tombe rapidement
au delà de *Maïré* et de *Riou*, puis descend peu à peu vers la

hauté mer, offrant un mélange intéressant de vase, de graviers et de sables vaseux (1). Du reste, cette région, constamment baignée par le courant littoral qui nous arrive de l'est, battue fréquemment par les coups de mer du large, présente, avec ses falaises escarpées, ses calanques étroites et ses vallons peu profonds, un faciés tout particulier. Tandis que le golfe de Marseille, dans le voisinage de la ville et au débouché de la vallée de l'*Huveaune*, est plus ou moins sous l'influence des apports alluviens, la côte abrupte, de *Maïré* à *la Ciotat*, ne reçoit que des eaux très-vives. La faune de ce rivage est certainement moins riche, les conditions biologiques étant plus uniformes, mais elle revêt un caractère spécial. Sur les roches verticales contre lesquelles la vague se rompt sans cesse, les Algues encroûtées croissent et constituent une sorte de bourrelet au sein duquel vivent certains Mollusques, tels que : *Poronia rubra*, Mont., *Arca lactea*, L., *Modiolaria costulata*, Risso, *Mytilus crispus*, Cantr.; *Fossarus ambiguus*, L., *Gadinia Garnoti*, Peyr. Les Floridées à couleurs éclatantes abondent. Les *Actinia equina*, L., tantôt rouges, tantôt verdâtres, s'étagent à côté des Patelles et des Troques, depuis le niveau de la mer jusqu'à 2 ou 3 mètres de profondeur. Tous les zoologistes provençaux connaissent cet aspect particulier de nos côtes. Nous le retrouvons dans le golfe de Marseille, au delà de *Montredon*, le long des îles de *Pomègue* et de *Ratonneau*, principalement sur les faces S. E. et N. O., puis à *Niolon*, à *Mejean*, à *Carry*, partout où n'agissent plus les eaux souvent impures du fond du golfe, au sein desquelles l'*Anemone sulcata* remplace l'*Actinia equina* sur les pierres du rivage.

Les prairies de Zostères n'occupent que des espaces très-restreints entre *Cassis* et l'île de *Maïré*, particularité qu'il était facile de prévoir, puisque les Posidonies ne végètent plus au-dessous de 30 mètres. Pourtant, toute la région moins profonde située au nord de l'île *Riou*, autour des îles *Calseragno*

---

(1) Voyez la carte marine n° 2681, Côtes méridionales de France, de Marseille à Saint-Tropez.

et *Jaro* jusqu'à la côte de *Podesta*, est couverte par les herbes. Les roches et les étendues sableuses y sont du reste fréquentes. La faune devient très-variée, mais elle ne diffère pas notablement de celle que l'on peut observer dans le golfe de Marseille entre *Montredon* et le *Château d'If*. Les fonds coralligènes succèdent brusquement aux prairies de Zostères, et ils abritent une foule d'Invertébrés bien plus rares ailleurs. Les Gorgones, les Alcyons, les Spatangues, sont très-nombreux à l'est de *Podesta*. Les Vers et les Mollusques se pressent dans les cavités des Algues encroûtées et des Coralliaires. Il semble que la même cause qui gêne en ces lieux la multiplication des animaux littoraux devient au contraire éminemment favorable au développement de la faune des profondeurs moyennes. Je puis citer en effet, dans ces régions coralligènes de *Riou* et de *Podesta*, plus de 200 espèces, sans tenir compte des Spongiaires, et seulement après seize draguages.

Crustacés.

Sphæroma curtum, *Leach.*
Iphimedia obesa, *Rathke.*
Ampelisca brevicornis, *Costa* (Belliana, *Sp. Bate.*
Leucothoe spinicarpa, *Abilgaard.*
Mœra integrimana, *Heller.*
— truncatipes, *Spinola.*
— Donatoï, *Heller.*
Protomedeia hirsutimana, massiliensis, *Catta.*
Lysianassa Audouiniana, *Sp. Bate.*
— spinicornis, *Costa.*
Liljeborgia pallida, *Sp. Bate.*
Iphimedia corallina, *Catta* (1).
Amphitonotus Bobretzkii, *Catta*

Tanaïs vittatus, *Rathke.*
Peltocoxa Marioni, *Catta.*
Protella Phasma, *Mont.*
Pilumnus spinifer, *M. Edwards.*
Eurynome aspera, *Leach.*
Lambrus Massena, *Roux.*
Ebalia Cranchii, *Leach.*
Dromia vulgaris, *M. Edwards.*
Paguristes maculatus, *Risso.*
Eupagurus Prideauxii, *Leach.*
Pagurus striatus, *Latreille.*
Typton spongicola, *Costa.*
Athanas nitescens, *Leach.*
Alpheus ruber, *M. Edwards.*

Annélides Chétopodes (2).

Hermione Hystrix, *Sav.*
Lepidonotus clava, *Mont.*

Hermadion pellucidum, *Ehlers.*
Chrysopetalum fragile, *Ehlers.*

(1) Catta, *Amphipodes de Marseille*, note préliminaire. (*Revue des sciences naturelles*, t. IV, n° 3).
(2) V. Marion et Bobretzky, *Annélides de Marseille* (*Ann. sc. nat.*, 6e série, t. II).

Euphrosyne Audouini, *Costa*.
Psammolyce arenosa, *Clap.*
Staurocephalus rubrovittatus, *Grube.*
Hyalinœcia tubicola, *Müller.*
Eunice Harassii, *Aud.* et *Edw.*
— Claparedii, *Quatr.*
— siciliensis, *Grube.*
Lysidice ninetta, *Aud.* et *Edw.*
Lumbriconereis Latreillii, *Aud.* et *Edw.*
— coccinea, *Renieri.*
Notocirrus geniculatus, *Clap.*
Arabella quadristriata, *Grube.*
Nereis Ehlersiana, *Clap.*
Glycera tessellata, *Grube.*
Goniada emerita, *Aud.* et *Edw.*
Syllis Khronii, *Ehlers.*
— sexoculata, *Ehlers.*
— variegata, *Grube.*
— spongicola, *Grube.*
Xenosyllis scabra, *Ehlers.*
Eurysyllis tuberculata, *Ehlers.*
Anoplosyllis fulva, *Mar.* et *Bobr.*
Eusyllis lamelligera, *Mar.* et *Bobr.*
Trypanosyllis Khronii, *Clap.*
— cœliaca, *Clap.*
Odontosyllis gibba, *Clap.*

Odontosyllis fulgurans, *Clap.*
Sphærosyllis Hystrix, *Clap.*
Autolytus (Proceræa) aurantiacus, *Clap.*
— (Proceræa) ornatus, *Mar.* et *Bobr*
Fallacia sicula, *Delle Chiaje.*
Podarke viridescens, *Ehlers.*
Oxydromus propinquus, *Mar.* et *Bobr.*
Magalia perarmata, *Mar.* et *Bobr.*
Lacydonia miranda, *Mar.* et *Bobr.*
Phyllodoce lamelligera, *John.*
Eteone picta, *Quatr.*
Eulalia (Pt.) velifera, *Clap.*
— obtecta, *Ehlers.*
Heterocirrus frontifilis, *Grube.*
— saxicola, *Grube.*
Sclerocheilus minutus, *Grube.*
Octobranchus Giardi, *Mar.* et *Bobr.*
Potamilla reniformis, *Leuck.*
Sabella stichophthalmos, *Grube.*
Apomatus ampulliferus, *Phil.*
— similis, *Mar.* et *Bobr.*
Serpula Philippii, *Mörch.*
— aspera, *Phil.*
Vermilia infundibulum, *Ph.*
— polytrema, *Ph.*

Géphyriens.

Phascolosoma elongatum, *Kef.*
— vulgare, *Blainv.*

Phascolosoma margaritaceum, *Sars.*
Bonellia viridis, *Rol.* (*var.* minor.)

Némertiens.

Drepanophorus spectabilis, *Quatr.*
Tetrastemma tetrophthalma, *Delle Ch.*
(Borlasia Kefersteinii, *Mar.*).

Ascidiens.

Phallusia gelatinosa, *Risso.*
Cynthia papillosa, *L.*
Phallusia mamillata, *Sav.*

Bryozoaires.

Salicornaria farciminoides, *Johnst.*
Bugula flabellata, *Busk.*
— avicularia, *L.* (grands *cormus*).

Diachoris Buskei, *Heller* (D. magella-
nica, *Busk.*)
Lepralia Steindachneri, *Heller.*

Cellepora pumicosa, *L.*
Retepora cellulosa, *Lmk.*
Crisia granulata, *M. Edw.*
Idmonea Meneghenii, *Heller.*
Discosparsa patina, *Lmk.*
— hispida, *Johnst.*

Diastopora Obelia, *Johnst.*
Tubulipora verrucaria, *Fabr.*
Pustulipora deflexa, *Couch.*
Frondipora reticulata, *Lmk.*
Myriozoon truncatum, *Pallas.*

Brachiopodes.

Platydia anomoides, *Scacchi.*

Mollusques.

*Anomia Ephippium, *L.* (1).
*Pecten Pusio, *L.*
* — varius, *L.*
* — opercularis, *L.*
*Lima squamosa, *Lmk.*
*Avicula tarentina, *Lmk* (junior).
*Mytilus (Modiola) barbatus, *L.*
*Modiolaria marmorata, *Forbes.*
*Arca barbata, *L.* (junior).
* — lactea, *L.*
*Tectura virginea, *Müller.*
*Kellia suborbicularis, *Mont.*
*Lucina reticulata, *Poli.*
*Cardium nodosum, *Turton.*
* — papillosum, *Poli.*
*Cardita trapezia, *L.*
*Chama gryphoides, *L.*
*Circe minima, *Mont.*
*Venus verrucosa, *L.*
* — ovata, *Pennant.*
Thracia corbuloides, *Desh.* (junior).
*Saxicava rugosa, *L.*
* — rugosa, *var.* arctica, *L.*
*Mya (Sphenia) Binghami, *Turt.*
*Gastrochæna dubia, *Penn.*
Chiton rubicundus, *Costa* (C. pulchellus, *Philippi.*)
*Chiton lævis *Penn.* (C. Doriæ, *Capell.*)
— olivaceus, *Speng.* (C. siculus, *Gr.*)
*Acanthochites discrepans, *Brown.*

*Emarginula conica, *Schum.*
* — tenera, *Monterosato.*
* — elongata, *Costa.*
Fissurella costaria, *Bast.* (junior).
* — græca, *L.*
*Crepidula unguiformis, *Lmk.*
Trochus (Gibbula) Fanulum, *Gm.*
* — (Zizyphinus) striatus, *L.*
* — (Zizyphinus) exasperatus, *Penn.*
*Turbo rugosus, *L.*
*Phasianella tenuis, *Mich.*
Rissoa auriscalpium, *L.*
* — pusilla, *Phil.*
* — violacea, *Desm.*
* — calathus, *Forbes.*
— subcrenulata, *Schw.*
* — reticulata, *Mont.*
— cingulata, *Ph.*
* — testæ, *Arad.* (abyssicola, *Forb.*).
* — semistriata, *Mont.*
— fusca, *Ph.*
* — Montagui, *Peyr.*
*Rissoina Bruguieri, *Peyr.*
*Cæcum Trachea, *Mont.*
* — glabrum, *Mont.*
*Turritella triplicata, *Broc.*
*Eulima microstoma, *Bru.*
* — subulata, *Don.*
*Odostomia (Menestho) Humboldti, *Risso.*

(1) Les espèces marquées d'un astérisque sont communes à la Méditerranée et à l'Océan.

Odostomia (Turbonilla) lactea, *L.*
*Natica Dillwynii, *Peyr.*
*Lamellaria perspicua, *L.*
*Triforis perversa, *L.*
*Cerithium reticulatum, *Da Cost.*
*Cerithiopsis tubercularis, *Mont.*
* — Metaxæ, *D. Ch.*
*Murex cristatus, *Brocchi.*
* — aciculatus, *Lmk.*
— scalaroides, *de Bl.*
* — rostratus, *Olivi.*
*Euthria cornea, *L.* (junior).

*Columbella scripta, *L.* (jun.).
Pleurotoma Bertrandi, *Peyr.*
* — (Mangelia) rugulosa, *Ph.*
*Lachesis minima, *Mont.*
*Columbella minor, *Sc.*
*Mitra lutescens, *Lmk.*
*Marginella minuta, *Pf.*
* — clandestina, *Br.*
*Bulla hydatis (var. minor), *Ph.*
Pleurobranchus aurantiacus, *Risso.*
— testudinarius, *Cant.*
— ocellatus, *Delle Chiaje.*

Échinodermes.

Antedon rosaceus, *Lmk.*, var.
Asterina gibbosa, *Penn.* (var. minor).
Ophiomyxa pentagona, *Lmk.*
Ophiopsila aranea, *Forbes.*
Ophiothrix Alopecurus, *M. Tr.*
Amphipholis squamata, *Delle Ch.*

Brissus unicolor, *Kl.* (B. Scillæ, *Ag.*)
Spatangus purpureus, *Lesk.*
Psammechinus microtuberculatus, *Bl.*
Sphærechinus brevispinosus, *Ag.Risso.*
Cucumaria tergestina, *Sars.*
— Planci, *Brdt* (rare).

Cœlentérés.

Alcyonium palmatum, *Pallas,* var. acaule.
Sympodium coralloïdes, *Pall.*
Gorgona Bertoloni, *Lmk.*
Muricea Placomus, *L.*
Corallium nobile, *Pall.*
Adamsia palliata, *Bohads.*
Sagartia viduata, *Müller,* var. troglodytes, *Joh.*

Calliactis effœta, *L.*
Cereus pedunculatus, *Penn.* (C. bellis, *Ellis*).
Caryophyllia Clavus, *Sc.*
Flabellum antophyllum, *Ehr.*
Balanophyllia italica, *Mich.*
Cladocora cespitosa, *L.*
Eudendrium rameum, *Pall.*
Halecium halecinum, *L.*

Il me semblait très-important de déterminer d'abord les animaux les plus remarquables de ces fonds coralligènes de Podesta, et de dresser une liste assez complète des Invertébrés qui donnent à cette région sa physionomie propre. Cette liste pouvait en effet me fournir d'excellents termes de comparaison pour les draguages que nous allions effectuer au large de cette localité, en dehors du golfe de Marseille.

Les orages fréquents de l'été de 1875 ne nous ont pas permis de multiplier nos opérations autant que nous l'aurions désiré. Nous avons réuni cependant des matériaux suffisants pour indiquer la nature des associations animales qui se succèdent depuis 60 jusqu'à 350 mètres. Il est certain que le nombre des espèces diminue notablement à mesure que l'on descend, sur nos côtes, à ces profondeurs. La vase gluante que nous avons recueillie par 350 mètres et à 9 milles au sud de Planier était réellement peu habitée. La faune était cependant encore très-variée dans les graviers et dans les sables vaseux à 80, 100 et 108 mètres, plus près du rivage. Quelques animaux des régions littorales persistent dans ces stations ; d'autres semblent y trouver les conditions les plus favorables à leur développement. Indépendamment des êtres qui s'y localisent, on reconnaît certaines formes que l'on ne peut considérer que comme des variétés, les unes accidentelles, les autres suffisamment fixées pour prendre le nom de races. Souvent la taille seule est modifiée. C'est ainsi que nous avons dragué, dans les graviers vaseux au sud de Riou, de nombreux individus vivants d'une charmante variété blanche de *Cytherea rudis*, Poli, appelée quelquefois *Cytherea mediterranea*, Tib. Ce Mollusque abonde à la côte, dans le golfe de Marseille, et il y atteint une taille assez grande que ne présente aucune des Cythérées des régions profondes. Les *Scaphander lignarius* des mêmes graviers vaseux appartiennent également à une variété *minor*. On sait que les zoologistes se sont souvent basés sur des différences de taille de cette nature pour fixer les centres de l'aire géographique de divers êtres. Il semble que les individus deviennent ordinairement plus petits à mesure qu'ils s'éloignent du berceau de formation de l'espèce à laquelle ils appartiennent. Il est certain, dans le cas qui nous occupe, que la station habituelle de *Cytherea rudis* et de *Scaphander lignarius* est surtout dans les sables et dans la vase des régions littorales. La loi de décroissance de taille persisterait donc aussi bien dans les cas de dissémination verticale que dans les cas de dispersion horizontale. On pourrait citer à l'appui de nombreux exemples. Les *Strongylocentrotus lividus* sont fréquents sur le rivage au milieu des Posidonies et des rochers couverts d'Algues, tandis qu'on ne rencontre dans les prairies profondes, à 20 mètres,

que quelques individus nains, provenant évidemment de larves
que le courant a entraînées au large. Le phénomène inverse se
présente à propos de l'*Echinus Melo*, qui atteint tout son développement dans les sables vaseux profonds, depuis 60 jusqu'à
108 mètres. Les rares exemplaires de cette espèce pris à la
côte, dans le bassin National du cap Pinède, sont toujours
excessivement petits. Mais ces faits n'ont évidemment rien
d'absolu, et ils comportent à côté d'eux des causes tout à fait
contraires, agissant quelquefois simultanément, et dont l'influence est surtout reconnaissable lorsqu'on pénètre dans le
domaine paléontologique. Sous l'effet de la dispersion et des
changements biologiques qui en résultent, les aires d'habi-
tation peuvent subir des déplacements progressifs, et l'espèce
doit prendre un nouvel essor si les conditions deviennent pour
elle plus favorables. C'est par suite de phénomènes de ce genre
que l'on voit la race s'accentuer, acquérir quelquefois une importance spécifique ou persister à côté de la forme primitive.
Ces problèmes ne sauraient être regardés comme impossibles
à résoudre par l'observation seule. Ils ne diffèrent pas réellement des questions qui s'offrent à tout instant au classificateur,
et devant lesquelles il n'hésite pas à conclure de la parenté
morphologique à la parenté génétique. Ils donnent aux recherches de zoologie pure un attrait auquel nous n'avons pas
essayé de résister. Nous espérons que l'on nous saura gré de
ne pas nous être bornés, au cours de nos études, à de simples
observations statistiques.

Dans le mémoire dont nous commençons la publication,
nous énumérerons successivement tous les Invertébrés recueillis à nos diverses stations de draguage. Nous devons réunir
ainsi les éléments d'une description zoologique de cette ter-
rasse sous-marine qui s'étend depuis le littoral jusqu'à plus
de 9 milles de l'entrée du golfe, s'inclinant peu à peu jusqu'au
moment où, à 350 mètres de profondeur, elle est brusquement
interrompue par une falaise abrupte au pied de laquelle commencent les abîmes de la Méditerranée. Jusqu'à ce jour il nous
a été impossible, avec le matériel dont nous disposons, de

draguer au pied de cette falaise par 600 et 700 mètres de profondeur. Nous pouvons dire déjà cependant que cette région nous réserve d'agréables surprises, si nous jugeons d'après les rares animaux que nous avons pu en retirer au moyen de simples lignes de fond, animaux parmi lesquels il faut citer la belle Hyalosponge atlantique, *Holtenia Carpenteri* (*Pheronema Carpenteri*, Marshall), dont l'existence dans la Méditerranée n'avait pas encore été signalée.

Le sujet du travail actuel est donc nettement défini.

Les pages suivantes se rapportent à l'exploration de toute la portion des côtes de Marseille située en dehors des îlots de Maïré et de Planier, jusqu'à une profondeur de 350 mètres. Nous esquisserons ailleurs la distribution des faunes dans le golfe lui-même, depuis la ligne de Planier jusqu'au rivage.

STATION N° 1

(3° 2′ 2″ long. E. du méridien de Paris, 43° 7′ 2″ lat. N.).

La drague est traînée de nuit à 2 milles 1/2 au sud de l'île de Riou, par 105 et 108 mètres de profondeur. L'opération marche régulièrement, malgré un courant d'est assez fort. Le sac revient chargé d'un gravier vaseux mêlé de coquilles brisées, dont l'aspect rappelle le gravier coralligène qui existe dans le golfe de Marseille, à l'ouest du cap Cavaux, par 60 mètres. Mais nous remarquons immédiatement l'absence du *Cladocora cespitosa*, L., si abondant dans les stations moins profondes. En tamisant (1) le contenu de la drague, nous séparons le gravier jaunâtre et les fragments de coquilles d'une vase grise très-gluante, qui les empâte. Les Mollusques et les

---

(1) Le tamisage a été fait sur la côte nord de l'île Riou, dans la calanque de Fontagne, où l'on trouverait peut-être quelques Invertébrés rejetés par mégarde avec les résidus de notre récolte. Pour éviter toute méprise, je mentionnerai constamment le point où nous avons trié le contenu de nos dragues.

vers sont assez nombreux. Les fauberts ramènent plusieurs Comatules, quelques *Echinus melo* et des scories couvertes de Serpuliens.

MOLLUSQUES

(par rang de fréquence).

Venus ovata, Pennant. — 44 individus vivants et plusieurs valves séparées. Ce Bivalve est très-répandu dans le golfe de Marseille, mais il abonde surtout au large de Montredon, dans les graviers vaseux, à 43 mètres. Je le retrouve avec étonnement dans les eaux impures du bassin National (ports de la Joliette), seulement à 8 ou 10 mètres, et ne différant des individus des profondeurs que par une coloration un peu plus foncée. Cette espèce est certainement celle qui s'accommode sur nos côtes des conditions biologiques les plus diverses. L'extension géographique du *Venus ovata* correspond du reste à sa distribution bathymétrique, puisqu'il fait partie de la faune atlantique septentrionale.

Cytherea rudis var. *mediterranea*, Tib. — 33 exemplaires vivants et nombreuses valves. Dans sa nouvelle publication (1), le marquis de Monterosato distingue du *Cytherea rudis* la forme à laquelle Tiberi a donné le nom de *V. mediterranea*, et dont il s'agit ici. Je n'ai pas à m'occuper de cette question systématique, mais je dois insister sur la particularité que j'ai signalée plus haut. Les individus recueillis à cette station, tous d'une belle coloration blanche, uniforme, atteignent à peine 5, 6 ou 7 millimètres de long. Ils constituent une véritable variété naine très-remarquable.

Dentalium panormium, Chenu (nombreux individus). — Il serait convenable de ne considérer ce solénoconque que comme une forme du *Dentalium dentalis*. La race *Dentalium*

(1) *Enumerazione e sinonimia delle Conchiglie mediterranee.* Palermo, 1878.

panormium remplace le type dans les régions profondes de nos côtes, à partir de 100 mètres de profondeur jusqu'à 200 mètres. On peut, sur les frontières des districts de ces deux variétés, trouver des individus intermédiaires associés, ou même des représentants du *Dentalium dentalis* type aussi bien que du *Dentalium panormium* le mieux caractérisé.

Lyonsia norvegica, Chemn. — Existe déjà à de plus faible profondeurs dans le golfe de Marseille.

Syndosmia prismatica, Mtg.

Leda commutata, Ph.

Scaphander lignarius var. *minor*. — Plusieurs individus vivants de très-petite taille et d'une jolie couleur jaune clair. Cette espèce n'est pas très-rare dans la vase, au large des Goudes, mais elle est représentée dans cette station, à 30 mètres de profondeur, par de grands individus d'un noir lustré. Ailleurs, dans les fonds vaseux au large de Carry, par 70 et 80 mètres, les *Scaphander* atteignent généralement une longueur de 25 à 30 millimètres. La longueur de nos individus des stations profondes n'est plus que de 10 millimètres.

Cardium oblongum, Chemn. (*junior*).

Cardium minimum, Ph.

Lucina spinifera, Mont. (*jun.*).

Corbula gibba, Olivi (*Corbula inæquivalvis*, Mont.).

Cardita aculeata, Poli.

Lima (*Limea*) *elliptica*, Jeffreys (*Limea nivea*, Ren. et Brocc.).

Modiola phaseolina, Ph. (*Modiola lævis*, Dan. et Sand.).

Neæra costellata, Desh.

Venus casina, L. (*V. Cygnus*, Arad., non Lmk).

Pecten testæ, Bivona (*P. furtivus*, Lóven).

Pecten inflexus, Poli (*P. Dumasii*, Peyr.).

Pecten opercularis, L., var. *Audouini*, Peyr. — Très-petits individus.

Nucula nitida, Sow.

Tellina serrata, Brocchi (*T. Brocchii*, Cantr.).

Murex rostratus, Olivi, et var. *pulchellus*, Ph. (*Fusus*).

Murex vaginatus, de Crist. et Jan. (*M. carinatus*, Biv. non Turt.).

Murex Brocchii, Monterosato (*M. craticulatus*, Brocc. non L.; *Fusus scaber* auct.).

Murex muricatus, Mont.

Pleurotoma (Defrancia) gracilis, Mont.

Turritella triplicata, Brocchi (*T. incrassata*, J. Sow.).

Scalaria subdecussata, Cantr. (*Mesalia striata*, A. Adams).

Marginella lœvis, Donor. (*Voluta Cypræola*, Brocchi).

Trochus (Zizyphinus) millegranus, Ph.

Philine scabra, Müller (*Bullœa angustata*, Biv.).

Cæcum trachea, Mont.

Cæcum (Brochina) glabrum, Mont.

ANNÉLIDES CHÉTOPODES.

EVARNE ANTILOPES.

(Fig. 1, 1 *f*.)

Harmathe Antilopes, M'Intosh, *On the Bristish Annelida* (*Trans. Zool. Soc.*, vol. IX, part. VII, p. 383, pl. LII, fig. 4, 5, 6 janvier 1876).

Evarne Mazeli, Marion, *Draguages profonds*, note préliminaire (*Revue des sciences naturelles*, 15 avril 1877).

Malmgren a établi parmi les *Polynoe* diverses sections d'une utilité incontestable, soit qu'on les accepte comme de véritables genres, soit qu'on ne les considère que comme des tribus d'un même groupe. Les *Evarne*, très-voisins des *Harmothoe* de Kinberg, font partie des *Polynoe* munis de 15 paires d'élytres couvrant la totalité de la face dorsale. Ces élytres sont du reste hérissés de tubercules, de granules ou de poils spéciaux. Les soies de la rame inférieure sont bien plus minces que celles du faisceau dorsal ; leur pointe est généralement bidentée, mais on rencontre cependant quelques petites tiges dont l'extrémité n'est pas bifide.

Je trouve dans le gravier vaseux de notre premier draguage des Vers réunissant tous ces caractères génériques et dont l'aspect rappelle beaucoup l'*Evarne impar* de Johnston. Le plus grand individu atteint seulement une longueur de 10 millimètres. Sa largeur est égale à 3 millimètres. Au moindre attouchement, l'animal se roule à la manière des Cloportes ; le bord postérieur des derniers élytres vient alors s'appliquer sur la région céphalique. Il est facile de constater que les 15 paires d'élytres recouvrent complétement tous les anneaux du corps et qu'ils s'imbriquent sur la ligne médiane. A l'exception des antérieurs, régulièrement arrondis (1), ils sont tous réniformes (2), et leur face dorsale porte de nombreux tubercules d'une structure assez complexe (3). Le bord de l'élytre est hérissé de poils creux plus ou moins longs, suivant le rang de l'organe, et bien plus serrés que ceux de l'*Evarne impar* (voy. Malmgren, *Nordiska Hafs-Annulater*, pl. IX, fig. 7 c). Ces poils sont accumulés en plus grand nombre sur le bord postérieur des élytres de la région moyenne. Les 15 paires d'élytres sont disposées sur les segments sétigères 1, 3, 4, 6, 8, 10, 12, 14, 16, 18, 20, 22, 25, 28, 31.

Le lobe céphalique est sensiblement plus long que large ; il est incisé en avant, mais ses deux protubérances ne se prolongent pas en longues pointes (4). Les deux taches oculaires antérieures sont plus larges que les postérieures. L'antenne impaire (*tentaculum*) est très-forte, elle dépasse les palpes, et sa longueur est quatre fois plus grande que celle du lobe céphalique. Elle présente vers son extrémité un renflement clavi-

(1) Voy. fig. 1 *a*.
(2) Voy. fig. 1 *b*.
(3) Voy. fig. 1 *c*.
(4) Voy. fig. 1.

forme; son article basilaire est épais, et elle est hérissée de longs poils sensitifs que l'on revoit sur les deux antennes latérales, sur les cirres tentaculaires et sur les cirres dorsaux. Les deux antennes latérales sont très-courtes et les palpes portent de longues rangées de tubercules.

La trompe est colorée par un pigment noir verdâtre. Ses deux maxilles n'offrent rien de particulier.

Les soies robustes de la rame supérieure ont une forme très-remarquable; elles rappellent les cornes de certaines Antilopes (voy. fig. 1 *d*). Dans la rame ventrale se trouvent des soies bien plus minces, dont les unes se terminent en pointe bifide (voy. fig. 1 *e*), tandis que les autres montrent une extrémité simple et légèrement recourbée (voy. fig. 1 *f*).

On voit que cet Annélide doit être placé dans le même groupe que l'*Evarne impar*, dont il diffère nettement, du reste, par les contours du lobe céphalique, par son tentacule plus long que les palpes, par les longs poils qui bordent ses élytres, et surtout par la forme si caractéristique des soies dorsales. Ces derniers organes suffisent pour me convaincre que ce Polynoïdien méditerranéen, que j'avais signalé dans ma note préliminaire sous le nom d'*Evarne Mazeli* (nov. sp.), ne peut être réellement distingué de l'*Harmothoe Antilopes* de Mac Intosh. La description du naturaliste écossais concorde avec les figures que je donne ici de la région céphalique et des élytres.

Je remarque la grande extension géographique de ce Ver, que je n'ai pas encore observé à Marseille dans les stations littorales.

On le connaît de Lochmaddy et des Hébrides; il a été fréquemment recueilli par les naturalistes du *Porcupine*. Mac Intosh le cite par 358 et par 567 brasses anglaises, et par 227 brasses seulement en dehors de Gibraltar.

NEPHTHYS SCOLOPENDROIDES, Delle Chiaje.

(Fig. 2).

Nephthys scolopendroides, Delle Chiage, *Memorie.....*, 1822-1829, p. 424.
Nephthys scolopendroides, Delle Chiage, *Descrizione...*, 1831-1841, III,
     pl. xcix, fig. 11; pl. cix, fig. 8.
Nephthys neapolitana, Grube, *Act. Ech. und W.*, 1840, p. 71.
     —   *assimilis*, Œrsted, *Ann. Dan. Consp.*, 1843, p. 33, fig. 93-100.
     —   *assimilis*, Malmgren, *Nordiska Hafs-Annulater*, 1865, p. 105, pl. xii,
     fig. 19.
Nephthys scolopendroides, Claparède, *Ann. de Naples*, 1868, p. 176, pl. xvi,
     fig. 1.
Nephthys assimilis, Quatrefages, *Histoire des Annelés*, t. I, p. 429.
     —   *scolopendroides*, Quatrefages, *ibid.*
     —   *Hombergi*, Aud. et. M. Edw., *Ann. des sc. nat.*, 1833, t. XXIX, pl. xvii,
     fig. 1-6.
Nephthys Hombergi, Ehlers, *Die Borstenwürmer*, p. 619, pl. xxiii, fig. 7.

Claparède a donné deux bonnes figures du Ver que Delle Chiaje désignait sous le nom de *Nephthys scolopendroides*, et qui n'est pas distinct du *Nephthys neapolitana* de Grube.

Les *Nephthys* que j'ai recueillis dans les graviers vaseux au large de Riou présentent bien l'aspect général des Annélides de Naples, mais ils sont tous de petite taille. Les plus grands atteignent à peine une longueur de 33 millimètres, tandis que leur diamètre maximum est égal, dans la région antérieure du corps, à 2^{mm},52. J'ai retrouvé de petits individus semblables dans des stations moins profondes, sur la vase sableuse de la partie N.-O. du golfe. Tous peuvent être rapprochés du *Nephthys scolopendroides*, mais leurs pieds ne diffèrent en rien de ceux du *Nephthys assimilis*, Œrsted, figurés par Malmgren (*Nordiska Hafs-Annulater*, pl. xii, fig. 19 B). Il me semble donc nécessaire de réunir ces deux espèces. Leur identité résulte pour moi du dessin (fig. 2) que j'ai obtenu avec les Annélides de Marseille. Je lis, du reste, à la page 623 des *Borstenwürmer* d'Ehlers, que Grube lui-même indique son *Nephthys neapolitana* comme synonyme de *N. assimilis*, Œrsted. Il faut remarquer en outre que Ehlers identifie ces deux Annélides avec le *Nephthys Hombergi*, Aud. et Milne Edw. Malmgren rapporte aussi avec doute cette dernière espèce au *Nephthys assimilis*, Œrst. Ces diverses opinions justifient la synonymie que j'ai proposée plus haut.

Le *Nephthys scolopendroides* possède une vaste extension géographique. Il a été cité sous des noms différents sur les côtes de Norvége, de Suède, des îles Britanniques, dans la Manche et à Naples. Ehlers l'a signalé récemment (*N. Hombergi*) parmi les Annélides dragués par le *Porcupine* à 96 brasses de profondeur, dans des graviers vaseux avec coquilles brisées. Je l'ai vu dans la collection de M. de Folin, comprenant les espèces du cap Breton. Il est naturel de supposer que la grande dispersion de cette espèce peut occasionner certaines variations organiques. On connaît de grands et de petits individus; leurs pieds présentent quelquefois des détails particuliers, et l'on comprend comment on a été conduit à distinguer plusieurs espèces. Des recherches attentives en des lieux différents permettraient sans doute de caractériser de véritables races.

HYALINŒCIA TUBICOLA, Müller, *sp.*

Quelques rares individus de petite taille.

Les Annélides de cette espèce abondent dans les graviers vaseux du golfe de Marseille par 30 et 60 mètres de profondeur. Dans les régions où la vase domine, ils sont plus rares, plus petits, et ils ne diffèrent plus en rien des Vers recueillis au sud de Riou.

GLYCERA TESSELLATA, Grube

(Arch. für. Nat. 1863).

J'ai cité déjà le *Glycera tessellata* dans les graviers coralligènes de Podesta. Les Vers du draguage profond n° 1 étaient identiques avec ceux de la côte.

Syllis sexoculata, Ehlers

(*Die Borstenwürmer*, p. 241, pl. x, fig. 5-7).

(Fig. 3, 3 *a*.)

Ce Syllidien est caractérisé non-seulement par ses trois paires de taches oculaires, mais par les soies composées à longue serpe que l'on trouve dans tous les faisceaux. Ces organes n'ont été qu'imparfaitement représentés par Ehlers. Il est facile de constater, à l'aide de forts grossissements, que le bord tranchant des longues serpes est finement pectiné (voy. fig. 3) et que leur pointe est recourbée de manière à constituer un denticule assez fort. Cette structure est bien plus visible encore sur les soies à courte serpe (voy. fig. 3 *a*).

Les *Syllis sexoculata* étaient assez abondants dans les graviers vaseux profonds, et ils ne pouvaient être distingués des individus pris dans les graviers coralligènes ou sur le pourtour des prairies de Zostères. Ils se cachaient dans les tubes vides de Serpules ou dans les coquilles de *Dentalium panormitanum*. Leur longueur variait entre 15 et 22 millimètres, et leur plus grand diamètre était égal à 1 millimètre. Les tissus se montraient d'une transparence extrême, au point que la coloration générale n'était plus, à l'œil nu, que d'un gris jaunâtre très-pâle. Sous le microscope, on reconnaissait à la face dorsale de chaque segment une bande transverse grisâtre constituée par une foule de petites lignes très-minces, bien plus apparentes sur les Vers de la côte. La trompe occupait les neuf premiers segments sétigères, et son stylet était placé exactement à l'ouverture, dans le voisinage des papilles molles. Le proventricule correspondait à la longueur de quatre anneaux. Le dernier zoonite portait constamment un petit tentacule dorsal médian, indépendant des deux longs appendices latéraux articulés. Tous ces détails se retrouvent bien dans les *Syllis sexoculata* étudiés par Ehlers. Quelques grands individus de Marseille présentaient seulement des antennes, des cirres tentaculaires et des cirres dorsaux relativement plus courts.

SYLLIS SPONGICOLA, Grube

(*Archiv für Nat.*, 1855, p. 104, pl. IV, fig. 4).

Syllis hamata Claparède, *Ann. de Naples*, p. 195, pl. XV, fig. 4.
S. oligochœta Bobretzky, *Annélides de la mer Noire*, fig. 51 et 52.

VAR. TENTACULATA.

(Fig. 4, 4 a, 4 b, 4 c.)

Le *Syllis spongicola* nous montre une intéressante modification des soies, dont les serpes ont disparu, tandis que l'apophyse articulaire de la hampe s'est développée en un crochet robuste. On sait que l'animal s'abrite dans les tissus des Spongiaires ou dans d'étroites galeries au sein des Algues encroûtées. Le *Syllis gracilis*, qui possède des mœurs analogues, présente dans ses organes de locomotion une transformation de même nature, mais moins complète, puisque les soies furciformes n'apparaissent que dans les anneaux de la région moyenne, d'abord associées à des soies falcigères, puis entièrement isolées. Ces faits trouvent une explication facile dans le mode d'existence de ces Annélides.

Le *Syllis spongicola* est commun dans les diverses régions du golfe de Marseille, depuis les prairies littorales de Zostères, jusque dans la vase profonde au large de Carry. Tous les individus que nous avons recueillis en ces lieux s'accordent exactement avec la description de Claparède ; mais les *Syllis* pris au sud de Riou, à 108 mètres, possèdent constamment des appendices tellement développés, qu'on ne peut s'empêcher de considérer ces animaux comme constituant une variété assez nette. J'ai observé à la fois des jeunes et des Vers de grande taille déjà sexués.

J'ai sous les yeux un *Syllis spongicola* long de 22 millimètres et comptant 76 segments sétigères. Sa région antérieure est d'un blanc laiteux par suite de la coloration du proventricule, visible à travers les téguments, qui restent d'une transparence extrême malgré leurs glandules hypodermiques. Les anneaux de la dernière moitié du corps sont pleins d'ovules d'un rose tendre. La trompe s'étend jusqu'au treizième segment sétigère ; le proventricule, qui lui succède, occupe neuf zoonites, et il est suivi d'une région incolore avec glandes en T. Le lobe céphalique est précédé par de grands palpes très-mobiles. Il ne porte à sa face dorsale que quatre points oculaires encore plus petits que ceux des individus de la côte. Il est intéressant de constater que les yeux de la troisième paire, situés en avant des antennes latérales, ont entièrement disparu. Par contre, les appendices se sont excessivement allongés (1). Claparède remarque que les cirres dorsaux de ses *Syllis hamata* n'atteignent jamais une longueur égale au diamètre du corps. Ici la longueur du premier cirre dorsal est trois fois plus grande que le diamètre transverse de l'anneau correspondant. On voit derrière lui se succéder alternativement des cirres longs et courts, toujours plus développés que les organes des individus typiques.

Les mamelons pédieux, soutenus par deux acicules, sont munis de deux ou trois soies normales (voy. fig. 4 *a* et fig. 4 *c*).

Grube a signalé dans quelques *Syllis spongicola* deux faisceaux capillaires différents sur les derniers anneaux. Il est vrai que la valeur de cette remarque ne peut guère être interprétée, car le naturaliste de Breslau indique des soies falcigères dorsales. Je puis affirmer que les Vers que j'ai étudiés ne portaient uniquement que trois soies aciculiformes dans chaque pied, même sur les segments postérieurs déjà pleins d'ovules. Je dois avouer cependant que je n'ai pas vu de stolons sur des Vers atteignant une longueur de 45 millimètres et larges de 3 millimètres.

Ces grands *Syllis spongicola* pris au sud de Riou, à 108 mètres de profondeur, appartenaient encore à la variété *tentaculata*. Plongés dans l'alcool, ils projettent violemment leur trompe. L'anneau buccal se dilate dans tous les sens, le stylet devient terminal et il fait saillie au milieu des papilles. L'aspect

(1) Voy. fig. 4.

de ces animaux est alors assez étrange, et il ne s'accorde guère avec l'attitude ordinaire des Syllidiens (1).

PSAMATHE CIRRATA, Keferstein

(*Unters. über nied. Seeth.*, p. 107, pl. IX, fig. 32-36).

Vers identiques à ceux recueillis dans les graviers à *Clado-cora*, au large de Montredon et par 30 mètres de profondeur. L'espèce est assez rare à Marseille.

SABELLIDES OCTOCIRRATA, Sars.

Fauna littoralis Norvegiæ, II, p. 21, 23.
Sabella octocirrata, Sars, *Beskriv. og Iakttag.* p. 51, pl. XIII, fig. 32.
Sabellides octocirrata, Edw., 2ᵉ édit. de Lamk, p. 608.
Sabellides octocirrata, Malmgren, *Nordiska Hafs-Annulater*, p. 369, pl. XXV, fig. 74.

VAR. MEDITERRANEA.

(Fig. 5, 5 *f*.)

Nous devons à Grube et à Malmgren de précieux renseignements sur les divers types de la famille des Ampharétiens. Tous deux ont proposé une classification de ces Annélides remarquables, et les groupes qu'ils ont acceptés sont disposés d'après la même méthode (2). La présence ou l'absence de palmules (palées nucales) est un caractère dominateur dont la signification morphologique est bien évidente. Les sections établies d'après ces particularités organiques sont très-rationnelles, et nous pouvons croire que les découvertes futures ne diminueront pas leur importance. Elles déterminent nettement la position même de la famille, car tandis que les Ampharétiens à palmules céphaliques touchent aux Amphicténiens, ceux dépourvus de palées nous conduisent aux Térébelles. Nous

(1) Voy. fig. 4 *b*.
(1) Voy. Malmgren, *Nordiska Hafs-Annulater*, p. 362, et Grube, *Bemerkungen über die Amphareteen und Amphicteneen.* (*Sitzungsb. der Naturwissensch. Sect. der Schles. Gesellsch. für* 1870).

devons donc féliciter le professeur Grube d'avoir mis ce caractère encore plus en relief que ne l'avait fait Malmgren, pour qui
le nombre des segments et l'état de la région antérieure sem-
blaient plus intéressants. Nul doute que plusieurs genres créés
par ce dernier naturaliste, seulement d'après la disposition des
faisceaux capillaires ou des branchies, ne soient trop artificiels
et ne puissent être maintenus. Grube a déjà suffisamment
indiqué cette opinion dans son tableau synoptique, et je l'ai
confirmée moi-même en montrant que l'étude des Ampharétiens sans palmules des côtes de Marseille ne permet pas de
distinguer les *Samytha* des *Amage* (1). Il me suffira de rap-
peler ici que le *Sabellides adspersa* de Grube, muni normalement de 8 branchies comme les *Amage*, porte 17 faisceaux
capillaires comme les *Samytha*, et qu'une forme nouvelle, que
je décrirai ailleurs et que j'ai désignée sous le nom spécifique
de *Gallasi*, possède 6 branchies comme les *Samytha* et 14 faisceaux capillaires, à l'exemple des *Amage*. On peut donc dire
qu'en l'état de nos connaissances, et en laissant dans le doute
les genres *Aryanides*, *Otanes*, *Œopatra* de Kinberg et *Isolda*
de Müller, la famille des Ampharétiens comprend seulement
cinq genres bien certains. Je crois devoir ajouter que de
récentes observations semblent m'indiquer que la structure
des tentacules, pennés ou simples, est quelquefois assez indis-
tincte pour rendre difficile la détermination, d'après ce seul
caractère, d'un *Ampharete* ou d'un *Amphicteis*.

Ces hésitations ne se présentent pas à propos du *Sabellides*
que je signale ici. Ce genre établi par M. Milne Edwards dans
la deuxième édition de Lamarck d'après l'Annélide étudié par
Sars, comprend, suivant la nouvelle diagnose de Malmgren, des
Ampharétiens sans palmules, à tentacules pennés et munis de
8 branchies. Malmgren attribue de plus à ces Vers 14 paires de
faisceaux capillaires. Ces détails se présentent bien en effet chez
le *Sabellides octocirrata*, Sars, et dans le *Sabellides borealis*, Sars.
Remarquons cependant qu'Ehlers a décrit récemment sous

(1) Marion, *Sur les Annélides de Marseille* (*Revue des sc. nat.*, t. IV, p. 308).

le nom de *Sabellides fulva* (1) une grande espèce sans palmules et à tentacules pennés, mais ne portant plus que 6 branchies, tandis que ses faisceaux capillaires sont au nombre de 15 paires. Malgré ces particularités un peu exceptionnelles, je n'hésite pas à admettre cet Annélide dans le genre *Sabellides* (sens. str.), tout en reconnaissant qu'il semble établir un passage aux Amphärétiens de la même section pourvus de tentacules simples.

Les *Sabellides borealis* et *octocirrata* se montrent à nous avec des caractères différentiels bien appréciables, quoique se rapportant à des détails organiques d'une importance secondaire. La première forme possède 12 segments abdominaux uncinigères, tandis que la seconde en présente 15. Les branchies sont relativement beaucoup plus longues dans le *Sabellides octocirrata*, dont les *uncini* sont munis de 5 crochets, alors que ces crochets sont fréquemment au nombre de 6 sur les *uncini* du *Sabellides borealis*.

Le Ver que j'ai recueilli à 108 mètres de profondeur réunit tous les principaux caractères du *Sabellides octocirrata*. Ses 8 branchies sont très-longues, son abdomen compte 15 segments uncinigères, mais les soies sont peut-être un peu plus largement bordées, et les *uncini* n'ont d'ordinaire que 4 crochets au lieu de 5. Ces différences n'ont en réalité qu'une faible valeur, puisque nous voyons tantôt 5, tantôt 6 crochets aux *uncini* de l'espèce voisine, *S. borealis*. Je ne crois aussi pouvoir distinguer mon Annélide que comme une simple variété de la forme de Norvége. Les tissus des parois du corps possèdent une transparence extrême et laissent voir dans la région thoracique la teinte rouge foncé du tube digestif. L'abdomen apparaît au contraire d'un blanc laiteux. L'animal atteint, de l'extrémité des tentacules jusqu'à l'anus, une longueur de 8 millimètres; son épaisseur maximum égale $0^{mm},85$. J'aperçois à la face dorsale de la région céphalique, en arrière des feuilles labiales et des points d'insertion des tentacules, deux taches oculaires que

(1) Voy. *Beiträge zur Kenntnis der Verticalverbreitung der Borstenwürmer im Meere*, p. 64, pl. IV, fig. 18-23.

Malmgren n'a pas indiquées (voy. fig. 5). Je trouve 20 tentacules très-contractiles et inégaux, dont les barbules distiques
sont très-régulièrement disposées (voy. fig. 5 B et fig. 5 B′).
Ces organes restent constamment incolores; ils ne reçoivent
que le liquide dit lymphatique, dont les corpuscules oscillent
fréquemment à l'intérieur des tiges axillaires.

A la face ventrale (fig. 5 A) on voit nettement l'ouverture
buccale infundibuliforme, dont les parois sont couvertes de
granulations pigmentaires d'un beau rouge carmin. Cette partie antérieure du corps est biannelée, et elle semble un peu plus
mince que celle qui lui succède et qui comprend les trois premiers segments sétigères. Ces trois anneaux ne sont munis que
de faisceaux de soies dorsales capillaires. Ils sont plus courts et
moins nettement délimités que les autres zoonites thoraciques.
Il faut ajouter que leurs pieds sont très-réduits, surtout ceux
de la deuxième paire.

Le tube digestif est très-étroit dans toute cette région, mais
il débouche à la hauteur du quatrième anneau sétigère, dans
une portion plus large qui parcourt, sans étranglements régu-
liers, tout le thorax, et qui s'amincit ensuite notablement dans
l'abdomen. Tout le tube digestif semble engaîné dans un sinus
vasculaire, mais on distingue en outre un vaisseau dorsal et
quelques petites anses transverses. Le sang est d'un beau vert
et il colore vivement les branchies.

L'appareil sétigère est exactement disposé d'après le type du
Sabellides octocirrata, Sars. Le thorax compte 14 anneaux gar-
nis de soies capillaires dorsales; les tores uncinigères ne commencent que sur le quatrième zoonite sétigère. Il existe 15 segments abdominaux munis simplement de tores uncinigères
très-saillants. Il faut remarquer de plus que 13 de ces segments portent un cirre dorsal assez long (1), qui fait défaut aux
deux premiers. On reconnaît à l'extrémité postérieure du corps
deux longues tiges et un petit tubercule médian (2).

(1) Voy. fig. 5 F.
(2) Voy. fig. 5 C.

Les soies, toutes de même forme, possèdent un limbe assez large (1). Les premiers zoonites contiennent cependant quelques soies en voie de formation, qu'on pourrait prendre pour des organes particuliers (2). Les *uncini* ne présentent d'ordinaire que 4 crochets (3), tandis que Malmgren figure des *uncini* à 5 dents; mais je trouve une plaque dont le crochet supérieur est entaillé et comme double (4). Ce sont là du reste les seules différences qu'il me soit possible de constater avec le type de Sars.

Ajoutons que les *uncini* des tores abdominaux sont soutenus par des soies-tendons et qu'ils sont au nombre de 10 dans chaque palette. En observant l'animal pressé entre deux lames de verre, je distingue dans l'abdomen et dans le thorax deux longs tubes jaunâtres, s'étendant des deux côtés de l'intestin. Ces organes se rapportent évidemment aux appareils segmentaires, et ils montrent même une grande analogie avec ceux des Térébelliens. Il m'a été impossible de suivre leurs portions terminales; mais je vois dans le premier segment uncinigère, à la face dorsale et un peu en arrière de chaque faisceau capillaire, un petit tubercule perforé qui représente sans doute leur ouverture externe (5). Il suffit d'une légère pression pour faire jaillir de ce mamelon un liquide finement granuleux. Je citerai enfin un boyau noirâtre plusieurs fois ramifié en arrière et occupant la région dorsale des cinq premiers segments thoraciques, au-dessus de l'appareil digestif. Cet organe ne fait défaut à aucun des Ampharétiens de Marseille. Il est contenu dans le vaisseau dorsal, et je n'hésite pas à le rapprocher de ces amas de substance intravasculaire, peut-être de nature chloragogène, que Claparède a signalés chez les *Cirratuliens* et les *Térébelliens*.

La distribution géographique du *Sabellides octocirrata* mérite

(1) Voy. fig. 5 D.
(2) Voy. fig. 5 D'.
(3) Voy. fig. 5 E'.
(4) Voy. fig. 5 E.
(5) Voy. fig. 5.

une mention spéciale. Cet Annélide existe sur les côtes de la Suède et de la Norvége, jusqu'au Finmark. M. Oscar Grimm l'a cité récemment dans la mer Caspienne.

POTAMILLA RENIFORMIS, Müller, Leuckart (1).

(Fig. 6.)

Nous avons signalé dans les fonds coralligènes du golfe de Marseille un Sabellien du genre *Potamilla*, assurément identique avec le *Sabella saxicola* de Grube, qui n'est lui-même que le *Sabella saxicava* de Quatrefages. Cet Annélide est très-abondant et très-reconnaissable à ses branchies zonées et à son tube profondément engagé, comme celui du *Sabella stichophthalmos*, dans les pierres ou dans les Algues encroûtées. Nous avons accepté dans nos précédentes études l'opinion du professeur Grube, qui rapporte son espèce au *nierenförmigen Amphitrite* de Müller (*Potamilla reniformis*, Leuck., Sars, Malmgren).

J'observe dans les scories retirées des régions profondes plusieurs petites Potamilles, logées dans de longs tubes membraneux et transparents, encroûtés de sable ou de débris filiformes de Posidonies. Les soies et les crochets de ces Sabelles ne diffèrent en rien de ceux des *Potamilla* des régions coralligènes. Les branchies sont au contraire d'un blanc jaunâtre uniforme. Je compte d'ordinaire dans l'appareil respiratoire 10 paires de tiges, réunies par une faible membrane basilaire, à peine visible. Les barbules sont nombreuses, assez longues, et elles se succèdent jusqu'à l'extrémité de l'axe. Les deux tiges les plus rapprochées de la ligne médiane ventrale sont dépourvues d'organes visuels. Toutes les autres branchies portent un œil composé, à l'exception de celles de la quatrième paire, sur lesquelles on reconnaît deux yeux superposés. Dans les Potamilles des régions coralligènes littorales, à branchies

(1) Voy. Marion et Bobretzky, *Étude des Annélides de Marseille*, p. 91, pl. XI, fig. 22.

zonées, on trouve fréquemment 5 yeux sur la face dorsale des tiges branchiales, tandis que la disposition que je décris d'après les individus des graviers profonds s'observe sur les *Potamilla reniformis* des mers septentrionales figurées par Malmgren (1). Du reste, je ne puis séparer spécifiquement des Potamilles de la côte les Annélides pris sur les scories au sud de Riou. Ces derniers nous représentent évidemment une forme des régions profondes, caractérisée par la réduction des organes de la vision et par la décoloration des branchies. Cette race se confond exactement avec le *Potamilla reniformis* de Malmgren, tandis que la variété côtière représente mieux le *Sabella saxicola* de Grube. Les deux formes existent du reste également dans l'Atlantique et dans la Méditerranée.

Parmi les individus du draguage nº 1, quelques jeunes portaient seulement 10 tiges branchiales, encore dépourvues d'yeux. Il ne faut pas oublier que le nombre des groupes d'ocelles est variable même chez les *Potamilla reniformis* des fonds coralligènes. Je compte constamment 10 segments thoraciques. Dans le premier, les soies capillaires sont toutes de même forme (2). Elles sont associées dans les anneaux suivants à des soies en spatule (3) munies d'une courte pointe et à des *uncini*, les uns aviculaires (4), les autres cuspidés (5). On trouve à l'abdomen des soies à large bordure, surmontées d'une pointe plus ou moins longue (6) ; mais les tores ne contiennent plus que des *uncini* aviculaires (7), très-petits et tronqués dans leur région basilaire. Les organes correspondants des *Potamilla reniformis* littoraux à branchies zonées reproduisent exactement nos figures, et nous les reconnaissons dans les dessins de M. de Quatrefages relatifs à la Sabelle saxicave.

(1) Voy. *Annulata polychœta....*, pl. XIV, fig. 77.
(2) Voy. fig. 6 *a*.
(3) Voy. fig. 6 *b*.
(4) Voy. fig. 6 *e*.
(5) Voy. fig. 6 *f*.
(6) Voy. fig. 6 *c* et 6 *d*.
(7) Voy. fig. 6 *g*.

PSYGMOBRANCHUS INTERMEDIUS, *nov. sp.*

(Fig. 7-7 c.)

Cet Annélide appartient évidemment au type du *Psygmobranchus protensus*, Ph., tel que Claparède le décrit d'après les individus du golfe de Naples. Il possède cependant certaines particularités anatomiques qui semblent le rapprocher d'une autre forme voisine (*Psyg. multicostatus*, Claparède). Son tube était blanc, presque lisse, mais il montrait quelques crêtes longitudinales dans la partie ancienne. Le corps, sans les branchies, atteint une longueur de 29 millimètres ; sa coloration est rouge orange. L'appareil respiratoire présente la même teinte uniforme ; on reconnaît toutefois sous le microscope 3 ou 4 taches d'un pigment crétacé, placées sur la face externe des tiges et ne formant pas de véritables zones visibles à l'œil nu. Je compte 30 branchies dans chaque moitié de l'appareil. Ces organes portent 20 et 24 ocelles d'une forme très-remarquable (1).

Le thorax comprend 7 anneaux sétigères : les tores uncinigères commencent sur le troisième, comme chez le *Psygmobranchus protensus*, mais les plaques unciales (2) offrent un bord pectiné. Les soies thoraciques (3) sont toutes très-minces ; elles sont remplacées à l'abdomen par des soies en faucille (4) très-caractéristiques. Les *uncini* abdominaux ne diffèrent des plaques thoraciques que par leur plus petite taille.

En résumé, cet Annélide se distingue du *Psygmobranchus protensus* par la forme de ses soies abdominales et de ses plaques unciales. Ces organes rappellent d'autre part ceux du *Psygmobranchus multicostatus*. Les soies abdominales de ce dernier Annélide sont cependant plus courtes, plus larges et

(1) Voy. fig. 7.
(2) Voy. fig. 7 b.
(3) Voy. fig. 7 a.
(4) Voy. fig. 7 c.

plus recourbées. Du reste, chez le *Psygmobranchus multi-costatus* les tores commencent sur le deuxième anneau thoracique.

APOMATUS AMPULLIFERUS, Philippi.

(Mar. et Bobr., *Ann. de Marseille*, p. 95, pl. XI et XII, fig. 24).

Individus moins colorés que ceux des régions coralligènes.

APOMATUS SIMILIS, Mar. et Bobr.

(*Ann. de Marseille*, p. 97, pl. XII, fig. 25).

Ce Serpulien est nettement caractérisé par le mode de distribution de ses plaques unciales, qui débutent sur le second segment sétigère. Les Vers que j'ai sous les yeux ne diffèrent pas de ceux pris dans les fonds coralligènes, mais je puis m'assurer que leurs plaques unciales (1) possèdent réellement, dans tous les cas, de minces denticules. J'ai cru nécessaire de représenter de nouveau l'appareil sétigère de cette espèce. (Voy. à l'explication des figures, fig. 9 *a*, 9 *b*, 9 *c*, 9 *d*.)

SPIRORBIS BENETI, *nov. sp.*

(Fig. 8.)

Ce Spirorbe se distingue par ses soies et par son opercule du *Spirorbis Cornu-arietis*, Phil. (2). Ses tubes nautiloïdes, larges de 2 millimètres, étaient fixés sur les longs cirres de l'*Antedon Phalangium*, et ils montraient trois tours arrondis, parcourus par de fortes nodosités transverses. L'animal atteint à peine une longueur de 2^{mm},35 et n'occupe que le dernier tour de spire.

L'appareil branchial se compose de 8 tiges presque aussi longues que le corps, incolores et garnies de 13 à 15 paires de barbules secondaires assez fortes. Ces barbules n'existent pas

(1) Voy. fig. 9 *a*.
(2) Voy. Marion et Bobretzky, *loc. cit.*, p. 99, pl. XII, fig. 27.

sur toute la longueur de la branchie; elles laissent à l'extrémité, une tige simple, qui n'est que le prolongement de l'axe principal et qui atteint un quart de la longueur totale de cet axe. La membrane thoracique est très-développée et légèrement colorée en jaune brun; elle s'étend à la face dorsale au-dessus des branchies en constituant une sorte de collerette godronnée. Les deux glandes tubipares sont bien apparentes. On distingue par transparence, au-dessous d'elles, les parois rougeâtres de l'estomac, auquel succède un intestin enroulé en spirale. La région achète occupe un assez grand espace. Tous ces détails de structure se retrouvent du reste chez la plupart des Spirorbes. Je crois aussi inutile de donner un dessin d'ensemble de l'animal, et je me bornerai à représenter et à décrire les organes caractéristiques tels que les soies et l'opercule.

Le thorax ne possède que 3 paires de faisceaux capillaires, et les tores uncinigères ne commencent que sur le second segment. Je reconnais dans le premier anneau thoracique des soies de deux sortes. Les plus fortes (1) sont des soies à aileron et à lame pectinée, analogues aux soies des Salmacines et ne différant pas notablement de celles du *Sp. Cornu-arietis* (2). Elles sont groupées en faisceaux de 6, dans lesquels elles alternent avec de petites soies filiformes (3). Les deux autres segments thoraciques portent des faisceaux d'une douzaine de soies bordées dont le limbe est fortement pectiné (4), mais il existe en outre dans le dernier anneau thoracique 3 soies pectinées et géniculées d'une forme particulière (5). Je n'ai rien vu de semblable dans le *Spirorbis Cornu-arietis*. Les soies abdominales (6) présentent une forte lame denticulée. Les *uncini* ne diffèrent que par la taille dans les deux parties du corps; leurs crochets

---

(1) Voy. fig. 8 *a*.
(2) Voy. Marion et Brobretzky, *loc. cit.*, pl. XII, fig. 27 *c*.
(3) Voy. fig. 8 *b*.
(4) Voy. fig. 8 *c*.
(5) Voy. fig. 8 *d*.
(6) Voy. fig. 8 *e*.

sont extrêmement minces : je puis en compter 20 dans les plaques thoraciques (voy. fig. 8 *f*).

Les deux éléments sexuels étaient réunis sur le même individu. La région achète contenait 8 ovules à vitellus jaune, tandis que les groupes de spermatozoïdes s'agitaient dans les derniers anneaux de l'abdomen.

L'appareil operculaire est entièrement membraneux et très-transparent. La pièce supérieure, infundibuliforme, montre des lignes concentriques et des stries rayonnantes. Cet organe est porté sur un pédoncule lamelleux, parcouru, à la partie externe, par une arête longitudinale assez forte, hérissée de trois longues pointes recourbées (voy. fig. 8, 8′, 8″).

Cet opercule est très-caractéristique et il ne peut être confondu ni avec celui du *Sp. Cornu-arietis*, ni avec ceux des *Sp. Pagentescheri*, Quatr. et *lœvis*, Claparède. Les trois figures que je donne ici le représentent sous ses différents aspects.

GÉPHYRIENS ET BRYOZOAIRES.

Aspidosiphon scutatum, Müller.

Sipunculus (Phascolosoma) scutatus, J. Müller, *Wiegm. Arch. für Naturg.*, 1844, p. 166, pl. v, fig. A-D.
Aspidosiphon Mülleri, Diesing, *Syst. Helm.*, t. II, p. 68 et 556.
Asp. Mülleri, Quatrefages, *Hist. des Ann.*, t. II, p. 609.

J. Müller a donné autrefois d'excellentes figures de ce Sipon-culien assez fréquent dans le golfe de Marseille. Je le trouve dans les fonds coralligènes ou dans les graviers vaseux, logé dans les coquilles de *Mitra*, de *Nassa* et de *Murex brandaris*. Quelques individus atteignent une longueur de 25 millimètres et ne diffèrent en rien du type de J. Müller. Leur trompe est couverte de crochets nombreux; mais tandis que ces organes sont simples près du *scutum*, ils présentent un denticule supplémentaire lorsqu'on les observe dans le voisinage de l'ouverture buccale. Les globules de la cavité générale sont discoïdes et nucléolés.

Les *Aspidosiphon scutatum* pris à 108 mètres de profondeur habitaient les coquilles du *Murex muricatus*. Ils étaient plus grêles sans doute que ceux des stations littorales, mais il est impossible de les distinguer spécifiquement. Les deux boucliers offrent exactement la disposition ordinaire.

PHASCOLION STROMBI, Mont.

Sipunculus Strombi, Geo Mont., *Trans. Linn. Soc.*, 1804, p. 74-76.
Sip. Dentalii, Gray-John., *Lond. Mag. of Nat. Hist.*, 1833, p. 233.
Sip. Bernhardus, Forbes, *Brit. Starf.*, 1841, p. 251-253.
Sip. concharum, Œrsted, *De reg. mar. diss.*, 1844, p. 80.
Sip. capitatus, Rathke, *Nov. Act. Acad. Leop. cur.*, XX, 1844, pl. vi,
  fig. 20-23.
Phascolosoma Dentalii, Strombi, capitatum, Dies., *Syst. Helm.*, 1851, p. 64.
Ph. Bernhardus, Dies., *Rev. der Rhyng.* 1859, p. 759.
Ph. Strombi, Keferstein, *Beitr. zur An. und syst. Kennt. der Sipunc. (Zeitschr.
  für wiss. Zool.*, 1865, p. 431, pl. XXXI, fig. 10 ; pl. XXXIII, fig. 34-36).
Phascolion Strombi, H. Theel, *Bihang till k. svenska vet. Ak. Handl.*, Bd. III,
  n° 3, et *Recherches sur le Phascolion* (*K. sv. vet. Ak. Handl.*, Bd. XIV, n° 2,
  avec 3 planches.)

Hjalmar Theel a naguère séparé des véritables *Phascolosoma* le petit Géphyrien que Rathke observait déjà en 1799 dans les coquilles vides de divers Gastéropodes. Les modifications morphologiques dont semble susceptible le type Siponcle sont toujours si peu importantes, qu'on ne peut blâmer le naturaliste norvégien d'avoir attribué une valeur générique à la disposition si particulière de l'intestin du *Phascolosoma Strombi*. La création du genre *Phascolion* est à mes yeux tout aussi légitime que celle du groupe des *Aspidosiphon*.

Dans ses *Études sur les Géphyriens inermes des mers de Scandinavie, du Spitzberg et du Groenland* (1), Theel signale, outre le *Phascolion Strombi*, deux espèces nouvelles, *Ph. tuberculosum* et *Ph. spitzbergense*, qui paraissent suffisamment caractérisées. Les variations de forme que présente quelquefois le *Phascolion Strombi*, variations en rapport avec les dimensions des coquilles qu'il habite, sont parfaitement indiquées

(1) *Bihang till k. sv. Ak. Handl.* Band. 3, n° 6, p. 15 et 16 (1875).

dans ce mémoire. J'aurai à signaler, à propos des *Aspidosiphon* pris dans la vase à 350 mètres (draguage n° 3), des modifications de même nature, mais encore plus accentuées.

Les *Phascolion Strombi* que j'ai recueillis à notre première station étaient tous de petite taille. Ils s'abritaient dans les petits *Murex muricatus* et dans les *Dentalium panormitanum*. Ils portaient pour la plupart dans la région postérieure du corps des groupes de *Loxosomes*. Ces Bryozoaires entoproctes ont été récemment décrits par Carl Vogt, dans les *Archives de zoologie expérimentale et générale* (1). Le savant naturaliste de l'université de Genève a observé ses *Loxosoma phascolosomatum* à Roscoff, sur les *Phascolosoma elongatum* et *margaritaceum*. Jusqu'à présent je n'ai vu, à Marseille, ces intéressants Bryozoaires que sur le *Phascolion Strombi*. Ils étaient dépourvus, à l'état adulte, de ces glandes pédonculaires, homologues sans doute de la glande basilaire de la larve des Brachiopodes, organes qui existent toujours, d'après Nitsche, Barrois et Salensky (2), dans les jeunes Loxosomes, mais qui peuvent disparaître au cours du développement. Je n'ai jamais trouvé plus de deux bourgeons sur les Loxosomes des Phascolosomes marseillais. Les grands individus portaient d'ordinaire 12 tentacules. Dans un cas cependant, je n'ai pu distinguer que 10 bras sur un Loxosome déjà en voie de bourgeonnement.

CARBASEA PAPYREA, Pallas.

VAR. MAZELI.

(Fig. 10.)

La Flustre représentée de grandeur naturelle par la figure 10 appartient sans aucun doute au genre *Carbasea* de Gray, c'est-

---

(1) *Sur le Loxosome des Phascolosomes (Archives de zoologie expérimentale et générale*, t. V, p. 305).— Voyez encore la belle thèse de M. J. Barrois, *Mémoire sur l'embryogénie des Bryozoaires.*

(2) Voy. Salensky, *Sur les Bryozoaires entoproctes (Ann. des sc. nat.*, 6ᵉ sér., t. V). — Voyez notamment dans ce mémoire (p. 52) à propos des différences spécifiques des Loxosomes, d'excellentes remarques sur la signification des particularités anatomiques de ces êtres.

à-dire que son cormus est composé de cellules contiguës, mais disposées en une seule couche. Ces loges constituent par leur réunion une sorte de fronde flabellée (1), très-étalée et à peine découpée par quelques rares et larges incisures. La base en est courte et très-rétrécie ; elle était engagée dans le gravier du fond, dont elle retient encore quelques particules. Cette fronde est flexible, mais pourtant un peu cassante.

Les loges qui la forment sont oblongues et assez régulièrement hexagonales ; leurs angles sont cependant toujours émoussés, et l'on rencontre en divers points de la colonie des chambres plus étroites, plus longues et presque déformées (2). Si l'on examine la face *dorsale* du cormus (voy. fig. 10 A), on voit la paroi des cellules assez fortement bombée et marquée vers la base de quelques plis transverses peu sensibles, tandis que l'on distingue par transparence un plexus de fines ramifications fibreuses formant des mailles élégantes (système nerveux colonial des auteurs). On pourrait encore signaler quelques granulations pigmentaires se montrant à travers l'ectocyste, mais ces éléments sont loin de reproduire l'aspect figuré par Busk chez le *Carbasea indivisa* (3). A la face ventrale (4), l'ectocyste est absolument lisse. Dans chaque cellule l'ouverture est très-large et elle occupe presque toute la région antérieure, comme dans le *Carbasea papyrea*. Je ne puis cependant pas considérer cette Flustre des régions profondes de la Méditerranée comme absolument identique au véritable type du *Carbasea papyrea* de Pallas. Les cormus de *Carbasea papyrea* que figure Busk dans son catalogue (5) sont profondément et irrégulièrement laciniés et leurs segments sont très-étroits. Je trouve cependant, dans l'*Histoire des Zoophytes britanniques* de Johnston (pl. LXIII, fig. 1), un échantillon représenté sous le nom de *Flustra carbasea*, montrant des divisions bien moins nom-

(1) Voy. fig. 10.
(2) Voy. fig. 10 A.
(3) *Marine Polyzoa of the British Museum*, pl. LVIII, fig. 4.
(4) Voy. fig. 10 B.
(5) *Catalogue of Marine Polyzoa in the British Museum*, pl. L, fig. 1-3.

breuses et établissant par conséquent une véritable transition au *Carbasea* marseillais. Je crois aussi qu'il ne faut considérer notre Bryozoaire que comme une variété du type océanique, sans trop s'arrêter à quelques différences dans les contours des loges, résultant évidemment de l'imperfection des dessins donnés par les deux auteurs anglais. Il conviendra de rechercher plus tard si le *Carbasea papyrea* typique n'existe pas sur les côtes de Provence, et si la variété *Mazeli* est constamment reléguée dans les régions profondes.

LEPRALIA CILIATA, Pallas.

Eschara ciliata, Pallas, *Elench.*, 38.
Cellepora ciliata, L.
Lepralia ciliata, Johnst.
　　—　*ciliata*, Busk, *Marine Polyzoa*, p. 73, pl. LXXII, fig. 3-5.
　　—　*ciliata*, Heller, *Brioz. d. Adriat. Meeres*, p. 107.

Cette espèce est comprise dans le groupe des *Lepralia* munis de vibracules, mais dépourvus d'aviculaires. L'armature de la bouche de ses cellules et les granulations de son ectocyste sont très-caractéristiques. Le *Lepralia Stossici*, Heller (1), n'est peut-être qu'une race de ce type dont on connaît déjà quelques variétés.

Je trouve le *Lepralia ciliata* sur presque tous les cirres de l'*Antedon Phalangium*, formant de petits cormus encroûtants, quelquefois par groupes de 4 ou 5 cellules seulement. Les vibracules sont souvent détachés, mais leurs points d'insertion sont toujours visibles.

Je remarque que Pallas cite ce Bryozoaire des côtes d'Amérique. Cette grande extension géographique n'aurait rien d'anormal pour un Invertébré affectionnant les eaux profondes. Il me faut ajouter que le *Lepralia ciliata* est représenté dans le golfe de Marseille, plus près de la côte, dans les fonds vaseux de la région N. O., par 50, 60, et 80 mètres. Nous aurons l'occasion de constater que la faune de ces fonds vaseux n'est pas

(1) Heller, *Brioz. d. Adriat. Meeres*, pl. XX, fig. 7.

sans présenter de nombreuses analogies avec celle des graviers profonds de l'île Riou dont il est question en ce moment.

Il me paraît que dans sa station plus littorale, le *Lepralia ciliata* forme sur le *Salicornaria farciminoides* des cormus ordinairement beaucoup plus grands que ceux des cirres de l'*Antedon Phalangium*.

TUBULIPORA TRANSVERSA, Lmk.

Tubulipora serpens, L., Johnston, Smith (non Fabricius).
Idmonea dilatata, d'Orbigny.

J'ai déjà mentionné sur les cirres de l'*Antedon Phalangium* de nombreux Spirorbes (*Spirorbis Beneti*) et le *Lepralia ciliata*, Pallas.—Il faut encore citer un Tubulipore constituant de petites colonies, et dans lequel il est facile de reconnaître l'espèce figurée par Johnston sous le nom de *Tubulipora Serpens*, L. (voy. *A History of the British Zoophytes*, pl. XLVII, fig. 4-6).

M. P. Fischer a fait observer (1) qu'il convenait, pour éviter toute méprise dans la nomenclature, de désigner ce Bryozoaire par le terme spécifique consacré par Lamarck (*T. transversa*). J'accepte cette rectification, mais je tiens à bien signifier que mes échantillons correspondent plus particulièrement au *Tubulipora Serpens* de Johnston.

Les cormus des régions profondes de Marseille montrent, comme beaucoup d'autres Invertébrés des mêmes stations, une remarquable réduction de taille. Ils sont dressés, et les plus grands ne dépassent pas une hauteur de 3 millimètres. La forme et l'aspect des loges ne méritent pas une mention spéciale.

Le *Tubulipora transversa* est déjà représenté plus près de la côte par 50, 60 et 80 mètres, dans les fonds vaseux de la région N. O. du golfe, où ses colonies sont toujours plus volumineuses que celles des graviers profonds.

(1) *Bryozoaires de la Gironde* (Société Linnéenne de Bordeaux, t. XXVII, 1870, p. 10.

CRUSTACÉS.

EBALIA CRANCHII, Leach, *Mal. Brit.*, pl. xxv, fig. 7-11.

Ebalia discrepans, Costa, *Fauna del regno di Napoli*, CROSTAC., pl. v, fig. 3, 4.
Eb. Deshayesi, Lucas, *Anim. artic. de l'Algérie*, pl. ii, fig. 7.

Individus mâles et femelles identiques à ceux recueillis plus près de la côte, dans les graviers coralligènes de l'île Jarre (45 m. de profondeur), au large du cap Cavaux (50 à 56 m.), et dans les graviers à *Echinus Melo*, autour de l'écueil *le Veyron* (40 à 60 mètres).

EUPAGURUS PRIDEAUXII, Leach, *loc. cit.*, pl. xxvi, fig. 5, 6.

Pagurus solitarius, Risso, *Europ. mérid.*, t. V, p. 40.
Pag. solitarius, Roux, *Crust. de la Méditerr.*, pl. xxxvi.
Pag. Bernhardus, Costa, *Fauna di Napoli*, CROST., pl. iii.

Je rapporte sans hésitation à cette espèce un très-petit *Eupagurus*, d'un jaune pâle, long à peine de 20 millimètres et logé dans une coquille de *Murex Brocchii* (Monterosato), en partie recouverte par une petite Actinie presque incolore que j'ai pu reconnaître comme l'*Adamsia palliata*, Bohadsch.

L'*Eupagurus Prideauxii*, Leach, fréquente le pourtour des prairies de Zostères, les fonds coralligènes et les stations vaseuses. Il est assez abondant au large de Mejean, de Montredon et de Podesta. On le trouve habituellement dans les *Natica Dillwynii* Payr., *millepunctata*, Lmk, *intricata*, Donav. — Il s'empare volontiers des coquilles d'*Helix* entraînées de la côte, et on le voit toujours associé au bel *Adamsia palliata*, parsemé de gracieuses taches pourpres qui miment d'une manière surprenante les ornements des Natices. La coloration du Crustacé lui-même est du reste assez vive.

L'individu des graviers profonds de Riou est évidemment un animal dépaysé, un colon des faunes littorales, provenant des Zoés nées dans les fonds coralligènes ou dans les prairies de

Zostères et entraînées au large durant leur vie pélagique. Quoique les glandes sexuelles mâles de ce Pagure soient bien développées, la taille générale est restée très-faible. Les teintes ordinaires ont complétement disparu, et il est intéressant de constater que cette décoloration a porté également sur l'Actinie commensale. L'*antibrachium* et le *carpe* des pattes de la première paire, ou, pour employer une nomenclature plus générale, le *carpe* et le *propode*, ne sont pas encore fortement carénés, mais ils portent déjà les lignes de crochets et de tubercules qui s'accentuent toujours de plus en plus chez les grands individus. Je remarque enfin que la région antérieure du *propode* de la seconde patte thoracique présente à son bord inférieur, au-dessous de l'articulation du *dactyle*, quelques pointes que je ne retrouve pas chez les grands individus des stations moins profondes. Ce ne sont là, du reste, que des particularités morphologiques d'importance secondaire.

ÉCHINODERMES.

Echinus Melo, Lamarck.

Plusieurs exemplaires, de taille moyenne, rapportés par les débris de filets fixés à la drague. Cet Oursin abonde sur les fonds sableux et vaseux, principalement dans la région N. O. du golfe, au large de Carry et des îles Ratonneau et Pomègue. Les plus gros individus observés, recueillis par 60 et 80 mètres, proviennent de ces localités. Quelques-uns atteignent 18 centimètres de diamètre. Les larves de ces Échinides, entraînées par le courant d'ouest qui coule fréquemment des embouchures du Rhône vers Marseille, arrivent jusque dans les ports de la Joliette; mais les Oursins qu'elles produisent restent de petite taille dans les eaux impures et peu profondes du bassin National, près du cap Pinède. L'*Echinus Melo* s'étend d'autre part dans les graviers vaseux autour de l'îlot de Planier, puis il descend vers le sud et vers l'est jusqu'à 108 mètres. Il semble se rapprocher alors de la limite inférieure de son habitat, et il reste de petite taille. Je ne l'ai plus rencontré dans les limons gluants, à 350 mètres de profondeur.

OPHIOGLYPHA TEXTURATA, Forbes.

L'*Ophioglypha texturata* est très-répandu dans le golfe de Marseille. Les individus pris sur la vase du bassin National, ou vers l'entrée du port, le long des rochers du Pharo, montrent une teinte grise légèrement verdâtre. Sur les sables de la plage du Prado, ces Ophiures possèdent une coloration grise plus foncée, analogue à celle de l'*Astropecten Aster* (Ph. de Filippi), qui vit à côté d'eux. On constate d'autres modifications de livrée aussi peu importantes sur les exemplaires des graviers coralligènes ou des prairies de Zostères. Ceux recueillis à 108 mètres de profondeur au sud de Riou, sont tous de grande taille. Mis à côté d'un individu du bassin National dont le disque présente le même développement, les *Ophioglypha texturata* des graviers vaseux profonds se distinguent par leurs bras notablement plus épais, par la petitesse et par l'abondance des écailles de la face dorsale du disque. Ces détails ont paru intéressants à mon excellent confrère de Vienne, M. de Marenzeller, à qui nous devons de belles recherches sur les Échinodermes de l'Adriatique, et qui a bien voulu examiner mes espèces marseillaises. Je puis constater que ces caractères se retrouvent sur tous les *Ophioglypha texturata* pris au-dessous de 60 mètres, dans les régions vaseuses habitées par les *Sternaspis* et par les *Cucumaria Planci*. Il semble donc que nous ayons sous les yeux une race assez fixe, quoique peu éloignée du type ordinaire.

CUCUMARIA MARIONII, Marenzeller.

(E. von Marenzeller, *Beiträge zur Holothurien-Fauna des Mittelmeeres* (*Verhandlungen der k. k. zool.-bot. Gesellschaft. in Wien.*, 1877, pl. v, fig. 1, 1 *a*, 1 *b*).

Cette petite Holothurie a été décrite avec soin par mon confrère et ami M. de Marenzeller, du Musée de Vienne, et il me suffira de renvoyer à sa note imprimée dans le 27ᵉ volume des publications de la Société zoologique et botanique.

Le *Cucumaria Marionii* n'a été recueilli jusqu'à ce jour qu'au large de Marseille, mais on le retrouvera sans doute dans d'autres localités, en explorant des stations analogues aux graviers vaseux qui s'étendent au sud de l'île Riou.

Thyone Raphanus, Düben et Koren.

Th. Raphanus, E. von Marenzeller, *Beiträge zur Holoth.-Fauna des Mittelm.* loc. cit., pl. IV, fig. 2, 2 a, 2 b, 2 c.

Le *Thyone Raphanus*, cité d'ordinaire des côtes de la Norvége, des îles Hébrides, des Shetland et de l'Angleterre, n'avait pas encore été observé dans la Méditerranée.

Antedon Phalangium, Müller.

(Fig. 11.)

Alecto Phalangium, J. Müller, *Arch. für Naturg.*, 1841, p. 142.
Comatula Phalangium, Dujardin et Hupé, *Hist. nat. des Echinodermes,* p. 198.

On est habitué à ne voir dans les listes d'Échinodermes méditerranéens qu'un seul Crinoïde, le vulgaire *Antedon rosaceus* (*Comatula mediterranea*), et l'on oublie presque qu'en 1841 J. Müller a signalé, sous le nom d'*Alecto Phalangium*, une autre Comatule provenant de Nice.

La description de Müller, reproduite par Dujardin et Hupé, est très-concise, mais bien suffisante cependant, car l'animal, très-nettement caractérisé par sa pièce centro-dorsale et par ses cirres, ne peut être confondu avec aucun des autres Crinoïdes européens. Il nous suffira donc de donner quelques figures et une courte analyse de cet *Antedon Phalangium*, que nous ne pouvons examiner ici qu'à un point de vue purement zoologique.

La pièce centro-dorsale, dernier vestige de la tige du Crinoïde, est fort remarquable par son développement. Ses dimensions et sa forme sont cependant un peu variables. Elle est quelquefois à peine aussi longue que large, se terminant inférieurement en un bouton globuleux. Plus souvent elle est absolument conique, et constitue une sorte de cornet à pointe mousse dont la hauteur est deux fois plus grande que le diamètre de la base (1).

Je mesure des pièces centro-dorsales ayant 5 millimètres de haut et $2^{mm},5$ de large dans le voisinage des plaques radiales.

D'autres n'ont plus que $2^{mm},8$ de haut, tandis que leur diamètre maximum atteint $3^{mm},5$. Dans tous les cas, ces pièces centro-dorsales sont fortement saillantes, et leur sommet reste à découvert au milieu des cirres qu'elles portent. Ces derniers appendices sont très-caducs ; le moindre contact détermine leur chute à la sortie de l'eau, et ce n'est que par leurs cicatrices d'insertion que l'on peut reconnaître qu'ils sont souvent au nombre de 25 à 30, comme l'indiquait J. Müller.

Je suis du reste porté à croire que normalement les cirres supérieurs, voisins des plaques radiales, persistent seuls et fonctionnent en fixant le Crinoïde dans le gravier vaseux, tandis que la pointe de la plaque centro-dorsale est dégarnie. Tel était du moins l'état des individus observés vivants, au moment même où ils étaient retirés de la mer, encore engagés dans les houppes de la drague.

Ces cirres ne sont naturellement pas tous égaux. Il en existe toujours quelques-uns plus petits et plus minces que les autres, et ces organes de nouvelle formation se montrent dans le voisinage des plaques radiales. Mais on est toujours frappé par le développement de ces appendices, bien plus grands que ceux de toutes les autres espèces européennes.

Sur de grands individus de notre *Antedon Phalangium*, dont les bras ont 120 millimètres de longueur, les plus petits cirres ont déjà 25 millimètres de long, tandis que les grands atteignent 50, 55 et jusqu'à 58 millimètres. Les cirres peuvent donc égaler presque la moitié de la longueur des bras. Chez les

(1) Voy. fig. 11, 11 F, 11 G, 11 H.

jeunes individus, ces dimensions semblent encore dépassées, car les bras ne sont pas entièrement développés.

Observés sur des animaux vivants, les appendices de la plaque centro-dorsale s'écartent horizontalement de l'axe longitudinal du corps. Ils sont droits, et leur pointe seule se recourbe pour s'engager dans le sol sous-marin. Aussitôt retirés de l'eau, les cirres prennent des positions diverses : les uns se recourbent en bas, les autres se relèvent verticalement et se placent au milieu des bras. Les exigences de la gravure nous forcent à figurer dans la planche qui accompagne ce mémoire des cirres ainsi repliés, mais les détails que je donne ici suffiront pour indiquer leur attitude habituelle.

Le nombre des articles des cirres n'est pas constant. Après Müller, Dujardin et Hupé en mentionnnent 45. J'en trouve 37 ou 38 dans les petits cirres, 45, 46, 49 et jusqu'à 51 dans les plus grands.

Le premier article est d'ordinaire deux fois et demie plus large que long; puis peu à peu les proportions changent, les articles s'allongent et finissent par être deux fois et trois fois plus long que larges (voy. fig. 11 C et 12 D). Ils sont tous assez fortement comprimés latéralement. Le bord articulaire de leur extrémité distale n'est point droit, et il montre sur l'une des faces une petite saillie arrondie. Ils sont plus ou moins étranglés vers leur milieu ou en plusieurs points de leur longueur.

L'avant-dernier article n'est muni d'aucune dent apophysaire, et le dernier prend la forme d'un ongle très-long (plus de trois fois plus long que large) et à peine infléchi (voy. fig. 11 D). Ainsi que je l'ai déjà dit, j'ai trouvé fréquemment ces cirres couverts de petits cormus de Bryozoaires ou d'Hydraires, de petites Anomies et de petits *Pecten*, de tubes de *Spirorbis Beneti* et de Foraminifères.

Au-dessus de la pièce centro-dorsale sont visibles trois radiales, dont la première est plus apparente que ne le laisserait croire la description de Müller, puisqu'elle se montre de face avec une hauteur d'un demi-millimètre au moins (1). Elle

(1) Voy. fig. 11.

semble encore bien plus saillante lorsque l'on observe un bras de profil.

La seconde radiale est profondément échancrée pour recevoir l'axillaire, qui est très-grande.

SÉRIES DE PLAQUES SYZYGIALES.

3	3	3	3	3	3	3	3	3	3	3	3
8	8	8	8	8	8	8	8	8	8	8	8
12	12	12	12	12	12	12	12	12	12	11	12
14	14	14	14		14		14	14	14	14	14
				15		15					
16	16	16					16	16	16		
			17		17					17	17
18				18		18	18	18			
	19	19									19
20			20		20			20		20	
				21		21	21				21
22	22	22							22		
			23		23			23		23	23
24				24		24	24		24		
	25							25			
26		26	26		26		26		26	26	
				27		27		27			
28	28						28				
		29	29		29			29	29		
30				30							
						31					
	32	32		32	32			32	32		
33			33								
	34			34	34	34	34	34			
35		35			35						
	36		36				36				
37					37	37					
		38		38							
					39						
40	40	40	40			40					
				41							
42		42			42						
				43							
	44	44	44								
45				45	45						
	46										
47		47	47								
	49	49	49								
50											
		52	52								
53	53										
		55									
	56										
		57									

Les brachiales n'offrent rien de bien particulier. Leurs syzygies ne se succèdent pas dans l'ordre indiqué par Müller. Leur
position n'est du reste pas fixe, ainsi qu'on peut le voir dans le
tableau précédent, indiquant, pour plusieurs bras, le rang des
plaques brachiales doubles par syzygies. Ces diverses séries ne
sont pas complètes : elles se rapportent quelquefois à des bras
mutilés, et elles n'ont pas été suivies, d'autres fois, jusqu'à
l'extrémité des bras.

On voit aisément, en traçant quelques courbes, que si la position des deux premières syzygies est invariable, la place des
suivantes est soumise à des oscillations qui semblent croître assez
régulièrement à partir de la 3ᵉ syzygie, sans qu'il soit possible
toutefois d'y reconnaître une constance. Michel Sars a déjà
indiqué une disposition assez analogue chez l'*Antedon Sarsi* et
l'*Antedon rosaceus* (1).

Ainsi que cela se présente chez beaucoup de Comatules, les
premières pinnules de notre *Antedon Phalangium* sont filiformes et plus longues que toutes les autres. Elles sont insérées,
suivant la règle, en alternance tantôt à la face externe d'une
pièce brachiale, tantôt à la face interne de la plaque brachiale
suivante. Il est rare que ces organes, extrêmement fragiles, ne
soient pas plus ou moins mutilés, et il peut arriver que la
seconde pinnule semble plus grande que la première, à laquelle
plusieurs pièces font défaut. Il me semble, à la suite de nombreuses mesures prises sur des individus adultes de grande ou
de moyenne taille, que les quatre premières pinnules peuvent
atteindre les mêmes dimensions. Une deuxième pinnule bien
entière est longue de 20 millimètres, tandis que les pinnules de
la région moyenne des bras oscillent entre 5 et 8 millimètres.
Mais on trouve d'ordinaire pour les quatre pinnules inférieures
des longueurs de 12 à 17 millimètres. Les articles de ces pinnules orales peuvent être au nombre de 37, tandis qu'il n'en
existe d'ordinaire que 18 ou 19 sur les pinnules suivantes. Ces

(1) Michel Sars, *Mémoire pour servir à l'histoire des Crinoïdes vivants*,
page 59.

articles, d'abord assez courts, deviennent bientôt trois ou quatre fois plus longs que larges. Leur surface est hérissée de petits piquants, et leur bord distal est, par places, garni d'épines assez longues. Mais ces détails ne sont visibles que sous le microscope.

Terminons par quelques mots sur la distribution de cet Échinoderme. L'*Antedon Phalangium* est une Comatule des régions profondes de la Méditerranée. Il ne doit pas être trop difficile de se la procurer dans des localités telles que Nice ou le golfe de Naples, mais on la rechercherait vainement sur les grandes plages ou dans les eaux agitées qu'affectionne le *Comatula mediterranea*.

A Marseille, on trouve déjà l'*Antedon Phalangium* dans les fonds vaseux de la portion N. O. du golfe, par 70 et 80 mètres, mais en petit nombre ; tandis que les individus deviennent de plus en plus abondants à mesure que l'on se dirige vers l'E., en descendant à 100, 108 et jusqu'à 200 mètres, dans les graviers qui recouvrent le plateau sous-marin, au large de *Cassis* et du groupe des îles *Riou*, *Calseragno* et *Jaro*.

CŒLENTÉRÉS.

ADAMSIA PALLIATA, Bohadsch.

On sait que cette Actinie est la compagne ordinaire de l'*Eupagurus Prideauxii*, Leach. Nous avons cité plus haut cet Anomoure. Son *Adamsia* était petit et entièrement décoloré.

CARYOPHYLLA CLAVUS, Sacchi.

Un très-petit individu, dont la hauteur égale à peine 4 millimètres. Martin Duncan, dans son mémoire « *On the Porcupine Expeditions : Madreporaria* », admet que le *Caryophyllia borealis*, Fleming, est le type primitif dont les *Car. Clavus*, *Smithii* et *Cyathus*, ne représentent que des variétés. Il faudrait donc dire, *Caryophyllia borealis*, Fl., forme *clavus*.

CLYTIA JOHNSTONI, Alder.

Sertularia volubilis, Ellis et Soland., *Zooph.*, pl. IV.
Campanularia volubilis, Johnst., *Brit. Zooph.*, p. 107, 108.
Camp. Johnstoni, Alder, *North. and Durh. Cat. Trans. Tynes. F. Cl.*, pl. IV,
     fig. 8.
*Eucope campanulata, E. thaumantoides, E. affinis; Zooïdes médusiformes
     libres*, Gegenbaür, *Syst. d. med. Zeitschr. für wiss. Zool.*, 8, 243, pl. IX.
Clytia bicophora, Agassiz, *Nat. Hist., Unit. States*, t. IV, p. 304, pl. XXVII,
     fig. 8-9 ; pl. XXIX, fig. 6-9.
Cl. bicophora, A. Agassiz, *North-American Acalephæ, Harv. Coll.*, p. 78,
     fig. 108-111.
Clytia Johnstoni, Hincks, *Brit. Hydr. Zooph.*, p. 143, pl. XXIV, fig. 7.
Cl. Johnstoni, G. O. Sars, *Bidrag til kundskaben om Norges Hydroïder.*
     1873, p. 35.

Les hydrosomes de ce petit Hydraire étaient fixés sur les
cirres de l'*Antedon Phalangium* par de longues hydrorhizes, au-
dessus desquelles s'élèvent des hydrocaules simples, longues
de 2 à 3 millimètres. Lés hydrothèques et les gonothèques ne
diffèrent en rien de celles figurées par Hincks. Il ne peut y
avoir aucun doute sur cette détermination.

Le *Clytia Johnstoni* n'avait pas encore été signalé avec certi-
tude dans la Méditerranée, mais il était naturel cependant, en
constatant sa grande extension géographique, de supposer qu'il
serait observé un jour sur nos côtes.

En Norvége, cet Hydraire a été recueilli par G. O. Sars depuis
20 jusqu'à 100 brasses de profondeur, aux Lofoten.

Il vit par 100 et 110 mètres à Marseille.

Il est encore connu des côtes d'Angleterre, de Normandie,
et enfin de l'Amérique du Nord (Maine, Nouvelle-Angle-
terre).

EXPLICATION DES FIGURES.

Fig. 1. *Evarne antilopes*, Mac Intosh. — Région antérieure, face dorsale.

Fig. 1 *a*. Élytre suborbiculaire de la première paire.

Fig. 1 *b*. Élytre réniforme de la région moyenne.

Fig. 1 *c*. Tubercule du bord des élytres, vu sous un fort grossissement.

Fig. 1 *d*. Soies de la rame supérieure (face et profil).

Fig. 1 *e*. Soie bifide de la rame inférieure.

Fig. 1 *f*. Soie à pointe simple de la rame inférieure.

Fig. 2. *Nephthys scolopendroides*. — Pied de la région moyenne du corps.

Fig. 3. *Syllis sexoculata*. Soie à longue serpe.

Fig. 3 *a*. Soie à courte serpe.

Fig. 4. *Syllis spongicola* var. *tentaculata*.—Individus de petite taille, montrant le grand développement des appendices, antennes, cirres tentaculaires et cirres dorsaux.

Fig. 4 *a*. L'une des soies aciculiformes de ce Ver.

Fig. 4 *b*. *Syllis spongicola* var. *tentaculata*. — Grand individu projetant sa trompe. Région antérieure du corps, vue de profil.

Fig. 4 *c*. Soie de ce grand individu.

Fig. 5. *Sabellides octocirrata*, Sars, var. *mediterranea*. — Région antérieure du corps, face dorsale.

Fig. 5 A. Même région vue par la face ventrale.

Fig. 5 B. Tentacule céphalique penné, fort grossissement, région moyenne.

Fig. 5 B'. Partie terminale du même organe.

Fig. 5 C. Extrémité postérieure du corps, face ventrale.

Fig. 5 D. Soie capillaire.

Fig. 5 D'. Soie en voie de formation du premier segment sétigère.

Fig. 5 E. *Uncinus* à 5 crochets.

Fig. 5 E'. *Uncinus* à 4 crochets.

Fig. 5 F. Palette uncinigère abdominale, munie de son cirre dorsal.

Fig. 6 *a*. *Potamilla reniformis*, Müller, Leuckart. — Soie capillaire du premier segment thoracique.

Fig. 6 *b*. Soie en spatule des segments thoraciques.

Fig. 6 *c* et 6 *d*. Soies abdominales.

Fig. 6 *e*. *Uncinus* aviculaire thoracique.

Fig. 6 *f*. *Uncinus* cuspidé thoracique.

Fig. 6 *g*. *Uncinus* aviculaire abdominal.

Fig. 7. *Psygmobranchus intermedius*, nov. sp. — Ocelles des axes branchiaux.

Fig. 7 *a*. Soie capillaire thoracique à mince bordure.

Fig. 7 *b*. Plaque unciale.

Fig. 7 *c*. Soie abdominale.

Fig. 9. *Apomatus similis*, Mar. et Bobr.

Fig. 9 *a*. Plaque unciale.

Fig. 9 *b* et 9 *b'*. Soies capillaires thoraciques.

Fig. 9 *c*. Soie en faucille de la région thoracique.

Fig. 9 *d*. Soie en faucille des segments abdominaux.

Fi . 8. *Spirorbis Beneti*, nov. sp. — Opercule vu par sa face externe.

Fig. 8'. Le même organe, vu par sa face interne.

Fig. 8''. Opercule vu de profil.

Fig. 8 *a*. Soie à aileron du premier segment thoracique.

Fig. 8 *b*. Soie capillaire du même segment.

Fig. 8 *c*. Soie bordée des deux autres segments thoraciques (plus fort grossissement).

Fig. 8 *d*. Soie pectinée du troisième segment thoracique.

Fig. 8 *e*. Soie abdominale.

Fig. 8 *f*. Plaque unciale.

Fig. 10. *Carbasea papyrea*. var. *Mazeti*. — Fronde grandeur naturelle.

Fig. 10 *a*. Cellules fortement grossies et vues par leur face dorsale.

Fig. 10 *b*. Cellules vues par la face ventrale et montrant leur ouverture.

Fig. 11. *Antedon Phalangium* (trois fois grandeur naturelle). — Portion d'un
individu choisi parmi ceux dont la plaque centro-dorsale est très-développée.
La figure montre quelques cirres, la base des bras et les premières pinnules.

Fig. 11 *a*. Partie inférieure d'un bras encore attaché à la plaque radiale axillaire (A) et vu par sa face externe. — Les deux premières syzygies sont indiquées sur les plaques brachiales 3 et 8. La figure donne les quatre premières
pinnules de la face externe (1re, 3e, 5e et 7e pinnules) portées par les plaques
brachiales 2, 4, 6 et 8. — Gross. 7/1.

Fig. 11 *b*. Partie inférieure du même bras vu par sa face interne. — A, plaque
radiale axillaire surmontée par les huit premières plaques brachiales. Les
trois premières pinnules de la face interne (pinnules 2, 4, 6) sont portées par
les plaques 3, 5 et 7. — Gross. 7/1.

Fig. 11 *c*. Partie basilaire d'un cirre grossi 16 fois.

Fig. 11 *d*. Portion terminale du même cirre, vue sous le même grossissement
et montrant le dernier article à peine légèrement recourbé.

Fig. 11 *e*. Région moyenne d'un bras vu par sa face externe. — Les plaques
doubles par syzygies se succèdent en ne laissant entre elles qu'une ou
deux plaques brachiales simples. (Les syzygies existent sur les plaques 26, 28,
30, 33, 35, 37). — Gross. 7/1.

Fig. 11 *f*. Portion basilaire d'un individu de grande taille dont la plaque centro-
dorsale, plus large que haute, semble usée à son sommet. On voit au-dessus
de la plaque centro-dorsale les radiales et les premières brachiales. —
Gross. 3/1.

Fig. 11 *g* et fig. 11 *h*. Portions inférieures de deux individus, donnant la forme
et les proportions les plus habituelles de la pièce centro-dorsale. —
Gross. 3/1.

PARIS. — IMPRIMERIE DE E MARTINET, RUE MIGNON, 2.

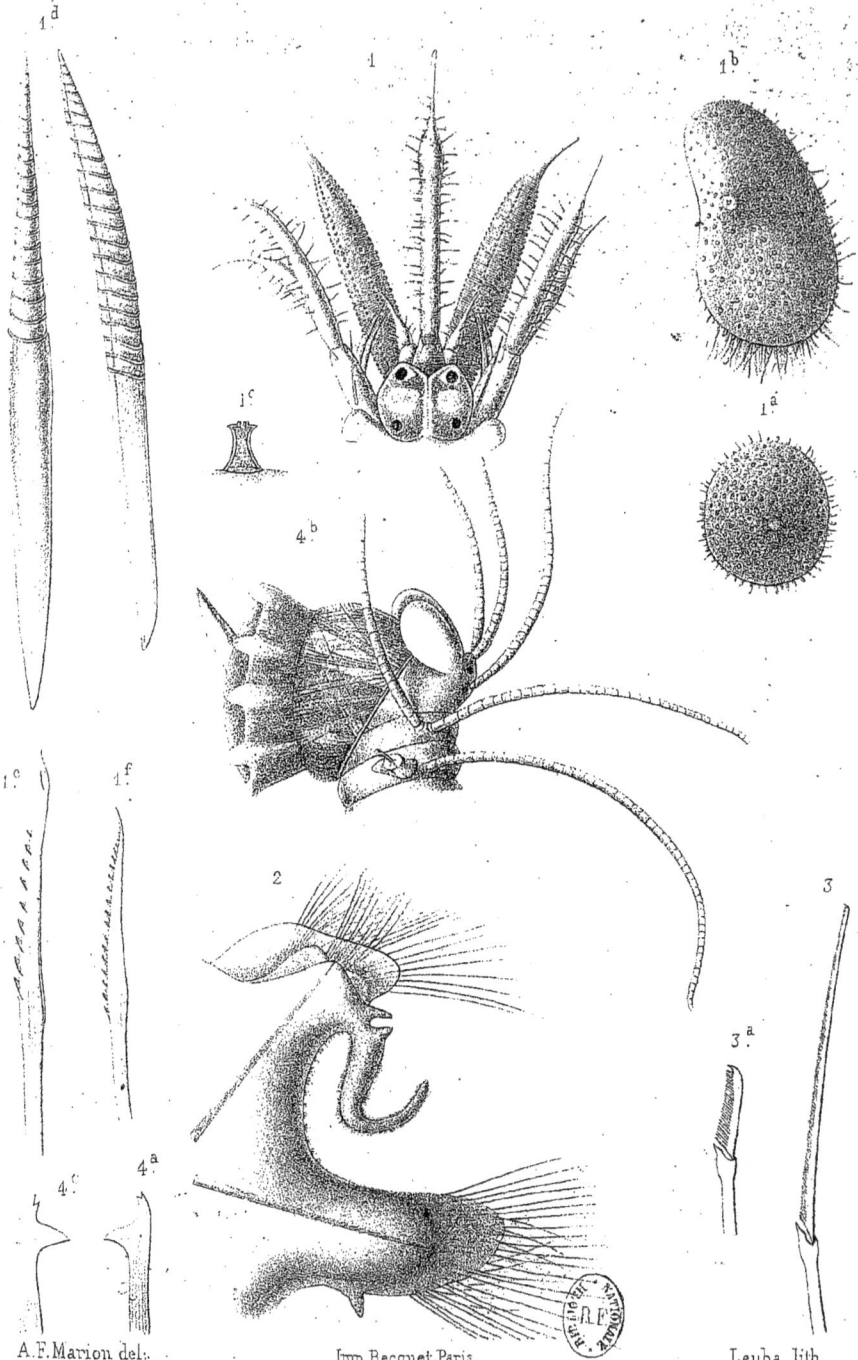

A.F. Marion del.

Imp. Becquet. Paris.

Leuba lith.

1. Evarne antilopes. — 2. Nephthys scolopendroïdes.
3. Syllis sexoculata. — 3. S. spongicola var. tentaculata.

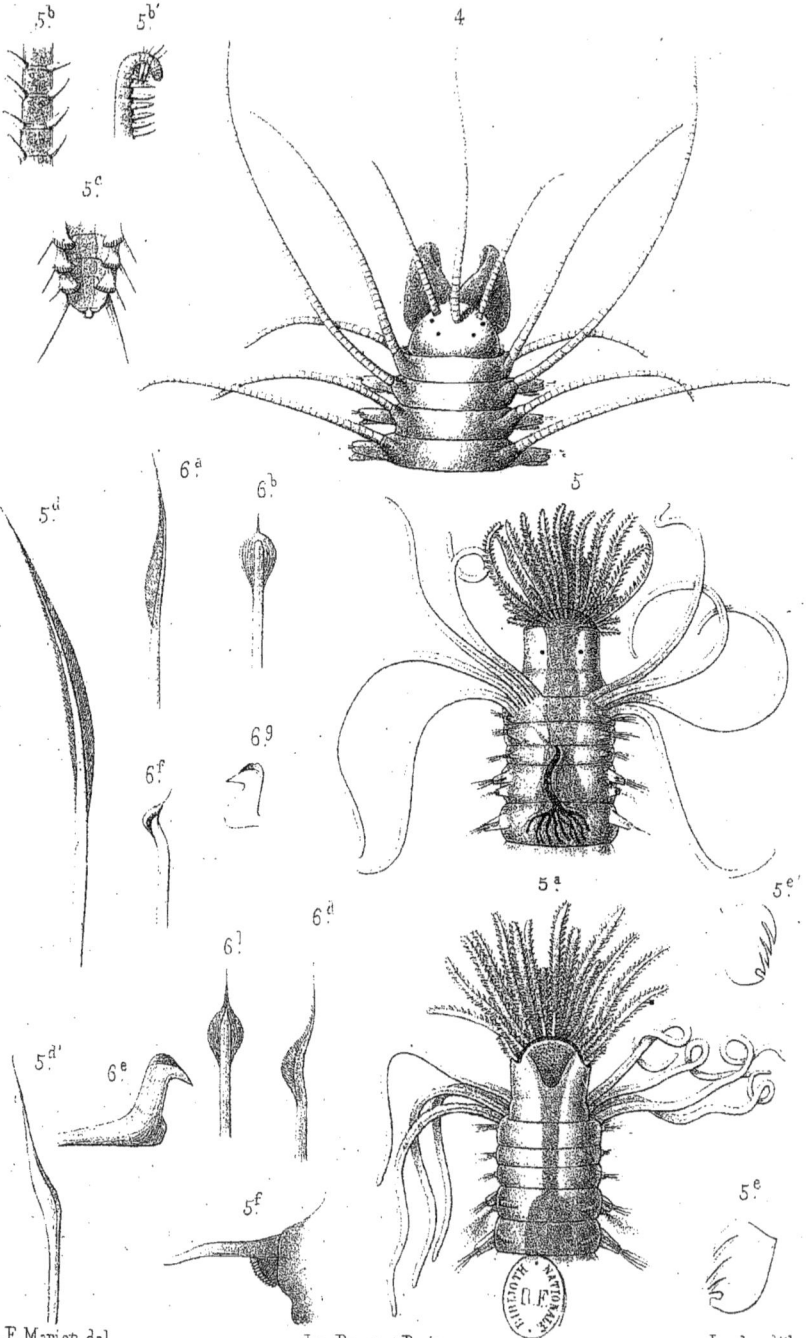

4. S. spongicola tentaculata. _ 5. Sabellides octocirrata mediterranea.
6. Potamilla reniformis.

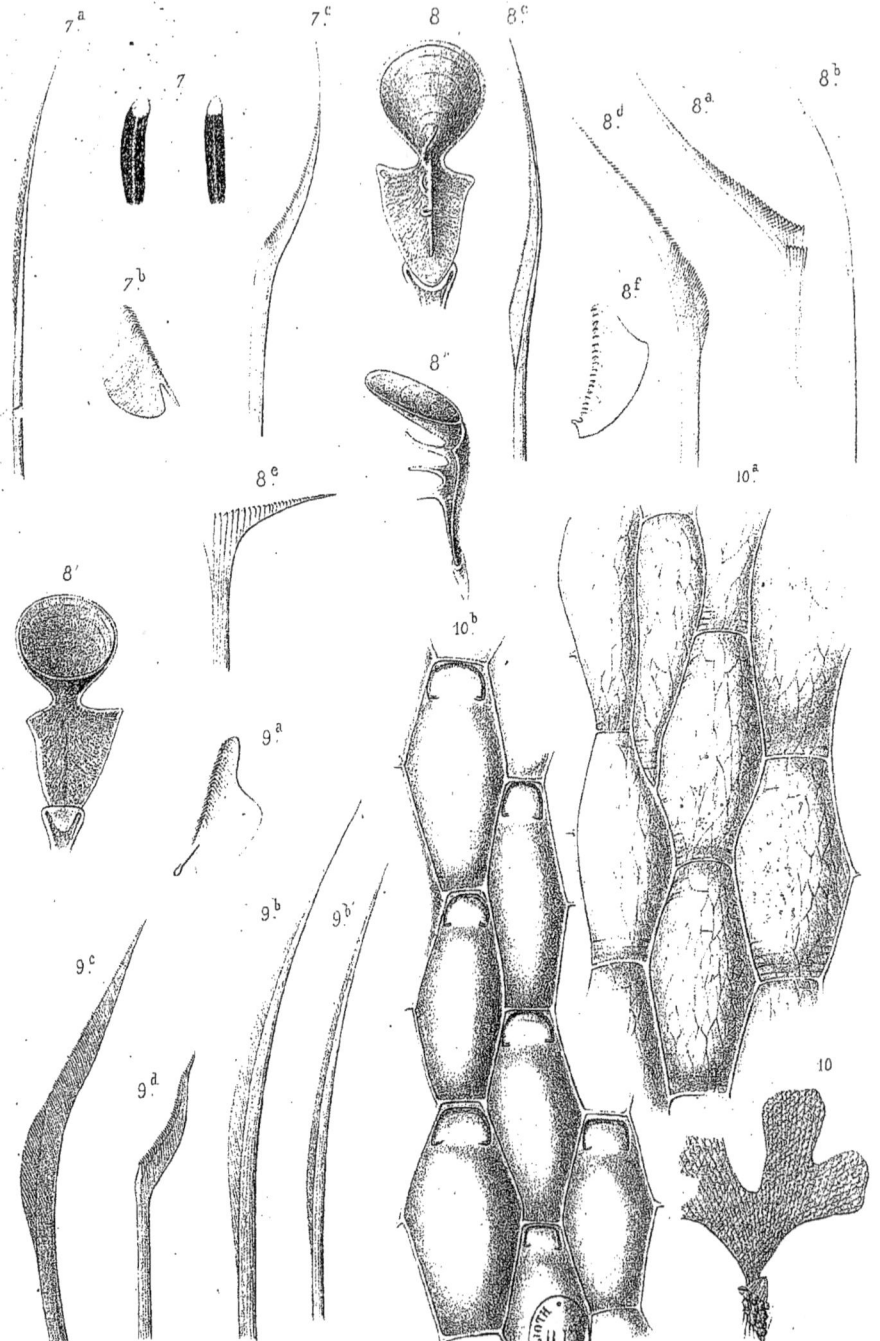

7. Psygmobranchus intermedius. _ 8. Spirorbis Beneti.
9. Apomatus similis. _ 10. Carbasea papyrea Mazeli.

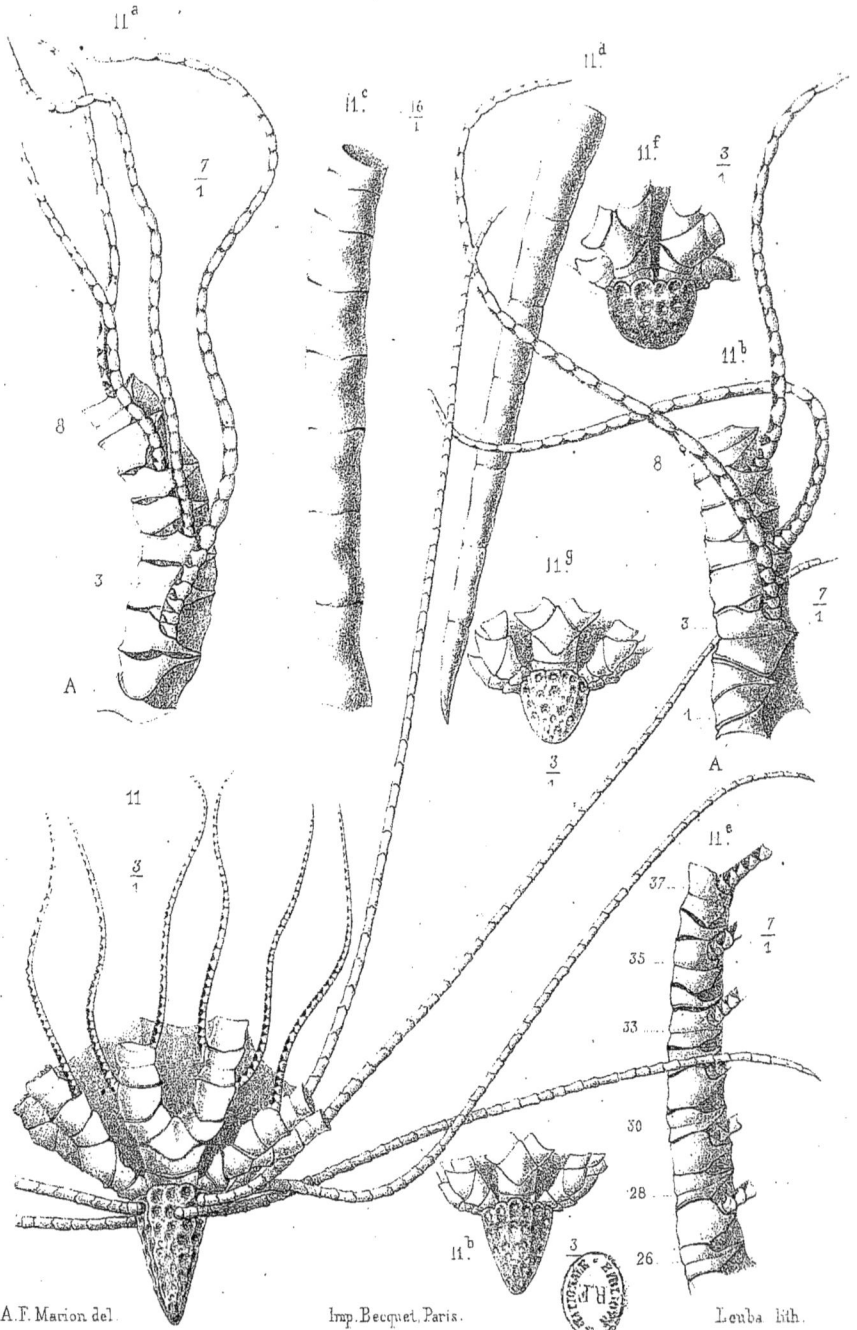

A.F. Marion del.

Imp. Becquet, Paris.

Leuba lith.

11. Antedon phalangium.

www.ingramcontent.com/pod-product-compliance
Lightning Source LLC
Chambersburg PA
CBHW050515210326
41520CB00012B/2321